당신의 DNA?
우리몸과 건강이야기
Your DNA? Body and Health Story

저자 : 강현삼 · 강형련

한림원 출판사

책을 쓰면서

1966년 9월 초 나는 유전학을 공부하기 위하여 미국으로 유학을 떠났는데 노스웨스트 비행기에서 파란색 눈을 가진 여승무원을 보았다. 신기하다는 생각도 들었지만, 문득 파란 눈(형질)을 가진 여자와 갈색 눈의 남자가 결혼하면 아이는 어떤 눈 색을 가질까? 하는 의문을 가졌다. 유학을 마치고 1975년에 귀국할 때는 확실한 해답을 얻고 돌아왔다. 아이들은 갈색 눈빛(형질)을 가질 거라고! 왜냐하면 갈색 눈빛(형질)이 우성 이니까! 여러분은 본 교양서적을 읽은 후에는 앞에서 언급한 "형질"과 "우성"이란 말이 무었을 의미하는지를 짐작할 수 있을 것이다.

지난 30 여 년간(1974-2004) 서울대학교 자연과학대학 미생물학과에서 교수로 재직하면서 미생물 유전학과 바이러스학을 강의하였다. 미국 유학시절 프린스턴대학(Princeton University)에서 박사학위를 취득 하였는데, 연구내용은 SV40 바이러스의 감염 후 증식과정이 어떻게 일어나는가? 를 SV40의 DNA 분자수준에서 분석한 연구 결과였다. 여기서 SV40 바이러스는 미생물계에 속하고, SV40 바이러스가 자기와 닮은 자손을 생산하는 증식 과정은 바로 유전현상이다. 이 유전현상을 감염 후 SV40의 DNA를 추출하여 DNA 수준에서 관찰 하였으므로 분자유전학 분야이다.

SV40 바이러스는 동물 바이러스로서 원래 원숭이에서 분리된 바이러스인데 쥐를 비롯하여 햄스터와 같은 설치류에 감염하면 때로는 다양한 암을 유발하므로 많은 연구의 대상이 되어왔다. 본인의 박사학위 연구도 SV40 바이러스가 어떻게 암을 유발하는가를 규명하는 연구의 첫 걸음으로 우선 SV40가 자기 자손을 증식하는 유전현상을 공부한 것이다. 자연히 서울대학에서 근 30여 년 간 미생물유전학, 분자생물학과 바이러스학을 강의한 동기가 된 셈이다.

재직 시 유전학과 바이러스학의 집필에 대한 많은 권유와 내 자신의 유혹이 있었으나 결국 출판하지 않았다. 이유는 책을 출판해도 누가 읽겠느냐? 였다. 나는 1년에 3번 쯤 제자들과 모임을 갖는다! 지금은 제자들에게 자기 전공에 관한 전문서적은 물론이고 생물학 전반에 관한 출판을 강력히 권하고 있다. 재임 시 나는 번역은 창작이 아님으로 번역을 반대 하였다. 그러나 번역서를 읽고 공부하는 학생이 있으므로 번역도 권하고 있다. 지금 나는 현역을 떠났으므로 유전학이나 바이러스학에 관한 전공서적을 출판 할 수 없다.

그러나 생물을 중고등학교에서 공부한 일반인을 위한 교양서적을 출판하겠다고 제자들에게 이야기 한 바 있다. 고심 끝에 모든 생명체에서 얻은 생명과학의 원리를 인간, 바로 당신에게 적용하여 설명 하고자 하였다. 확실한 생명과학의 복잡한 원리들을 지키면서 여러분과 같은 일반인에게 쉽게 설명하려고 노력하였으나 정말 어려움을 느꼈다. 그러나 우리 몸에서 일어나는 생명현상을 설명하면서 그 생명현상의 결과로써 일어나는 질병이나 건강과 예방을 "Tip"이란 항목에서 상세히 설명하고 있다. 이 책을 읽다 보면 같은 내용이 여러 번 반복되는 것을 발견할 것이다. 여러분이 이 교양서를 읽은 후에 여러분의 뇌리에 꼭 남기를 바라는 저자의 바람이다.

먼저 저에게 생명을 주시고, 잘 길러주신 저의 부모님께 감사를 드립니다. 그리고 사랑하는 나의 아내 김정자에게 어려운 유학시절 고생하며 박사학위논문 원고를 서툰 수동 타자로 한 자씩 찍어 정리해 주었고 본 교양서도 수시로 컴퓨터 작업을 해준 것 감사합니다. 끝으로 산부인과 전공의인 아들 강승철의 논평과 교정에 대해 감사한다. 그리고 본 교양서의 출판을 허용해주신 한림원 출판사 김흥준 사장님과 표지다자인에 애써주신 신예주양, 원고를 정리해주신 김민주양과 김민영양에게 감사를 드립니다.

2013년 12월 강현삼

이 책을 읽기 전에

학생들에게 생물학이 어떠냐고 물어보면 대답은 극명하게 갈린다. 어떤 이는 "공부할수록 생명의 신비가 크다는 것이 느껴져서 더 공부하게 되는 과목"이라 하고, 또 어떤 이는 "암기할게 너무 많은 기피대상 1순위 과목"이라 한다.

두 의견의 차이는 뭘까?

어째서 같은 대상을 보는 시각이 이리도 차이가 나는 것일까? 그것은 아마도 생물학을 어떻게 배웠느냐에 따라 달라질 것으로 생각된다. 한국은 과학강국을 꿈꾸며 초등학교부터 과학교육에 투자를 아끼지 않는다고 한다. 하지만 교육당국은 좋은 과학교육과 좋은 과학책을 같다고 생각하고 있는 것은 아닌지 염려스럽다. 아직도 학교 교육에서 실험이나 자연학습 관찰 시간의 많지 않다는 것과 과학실험을 주 무기로 삼는 과외교육이 성행하는 것으로 보면 그 염려가 괜한 것은 아닌 듯하다.

내가 중학생이었던 시절, 그때까지 모은 용돈을 다 털어서 3만 원짜리 현미경을 샀던 적이 있었다. 배율 200배 짜리 허접한(물론 그 당시에는 보물과 같은 것이었지만) 물건이었으나 그 당시 개인이 현미경을 가졌던 중학생은 고향 제주에서 내가 유일무이했을 것이다. 나는 그 현미경이 다 부서지고 작동이 안 될 때까지 연못물을 떠다 보고, 투명 테이프로 곰팡이를 채취해서 보고, 초파리 몸에 붙어있던 진드기 까지도 떼어서 보았다. 그런 기회가 나를 지금은 세균을 보는 고성능 현미경을 사용하는 직업을 가지게 해주었다. 그리고 지금 내 아이들은 최고배율 1,600배 짜리 현미경을 가진 자기네 학교의 유이무삼의 쌍둥이 초등학생들이다. 그 아이들 역시 수없이 연못물을 떠오고 흙속의 네마토드를 찾아내고 있다. 아마도 이 아이들에게는 생물이 재미있는 과목이 될 것이다. 종벌레의 그림이나 사진을 백번 보여준 것 보다 자기가 스스로 찾아낸 종벌레의 톡톡 튀는 듯 움직이는 모습과 섬모의 섬세한 운동모습이 어린 아이들의 생물에 대한 호기심을 더욱 자극하고 서류상에 존재하는 '학교 과학교육 목표'에 더 가까워지는 모습이 아닐까 생각한다.

사람들은 암을 무서워하면서도 너무 간단하게 생각한다. 그냥 메스로 도려내면 될 조직 덩어리 하나가 아닌가? 항암제와 방사선으로 죽이면 되는 덩어리가 아닌가? 그러나 내 몸에서 자라는 작은 조직덩어리 하나를 내 맘대로 어쩌지 못하는 이 현실이 사람들을 몹시 당황스럽게 만든다. 1971년 미국의 닉슨 대통령이 '암과의 전쟁'을 선포하고 연간 수십억 달러의 연구비를 집중 지원했다. 과학 강국 대통령의 발언은 10년쯤만 지나면 암이 없는 세상이 곧 올 것만 같았다. 하지만 2000년도가 되자 미국 국립보건원(NIH)은 암과의 전쟁에서 인류가 패했음을 선언해버렸다. 이런 결과는 어쩌면 생명을 너무 쉽게 바라본 오류가 아니었나 싶다. 암은 어느 한 유전자의 작동 오류에서 시작되기도 하지만 그 오류를 조기에 정정해 줄 면역계가 건강하다면 암은 쉬 우리를 괴롭히지 못한다. 그러나 이 밸런스가 무너지면 암 덩어리는 커지고 우리 몸 구석구석으로 자신의 분신들을 보내서 서서히, 하지만 단호하게 우리 몸을 점령해 버린다. 우리 몸의 한 부분임은 분명하나 우리의 통제를 벗어난 이런 조직 덩어리의 위협에서 자유롭게 되기 위해서는 생물에 대한 좀 더 깊은 이해가 있어야 할 것이다. 기껏 우리 몸에서 양분을 훔쳐 먹고 사는 기생충과 레트로바이러스조차도 우리와 오랜 시간 공진화해온 것을 지금에야 이해하기 시작하지 않았던가? 일반인을 위한 좀 더 많은 생물학 책과 생물에 대한 아주 조금 더 많은 관심이 우리의 목숨을 갉고 있는 암과 같은 대상의 퇴치를 앞당기지 않을까 기대해 본다.

강형련

차 례

차 례

제 1장 생명의 기원과 인간의 출현 - 인간의 조상은 아프리카에서 기원

사람은 언제부터 지구상에 나타났을까? 우선, 사람이 살고 있는 지구의 탄생부터 생각해 보면, 지구는 대략 지금부터 46억 년 전에 형성 되었다. 지구의 나이가 46억 년인 셈이다. 그러면, 생물은 언제 지구에서 탄생 하였을까?

기독교의 성경은 창조주 하나님이 우주를 창조하시고 나아가서 사람을 비롯하여 동물과 식물 등의 생명체를 창조하셨다고 기록하고 있다. 생명창조론을 주장하는 과학자도 있지만, 하나님, 창조주의 권능과 능력을 완전히 이해하지 못하면서 우주와 생명창조론을 간단히 부정할 수 있을까? 믿음은 독자의 선택과 자유입니다!!

그러면 초기 지구의 환경은 어떠했을까?

높은 온도, 산소 없이 이산화탄소, 일산화탄소, 질소 외에 약간의 수소를 포함하는 대기 그리고 물과 암석 등 무생물의 세계였다. 그 후 지구 곳곳에서 일어나는 화산과 같은 대 폭발에서 품어 나오는 용암, 수증기, 유황과 높은 열 그리고 천둥 번개의 전기충격으로 총체적 화학 반응이 일어나, 시안화수소, 카르복시산, 알데히드 등 새로운 유기물질이 합성되었다. 지구표면이 식어 가면서 대기 중의 수증기가 비가 되어 내리면서 지구의 온도는 점점 낮아지면서 강과 바다가 형성되었다. 이와 같이 합성된 유기물질(생명체가 생산하는 물질)들이 바다로 녹아들어 인산, 아미노산, 염기 등 보다 복잡한 구조의 유기물질들을 합성 하게 되고, 더욱 나아가서, 세포의 구성물질인 단백질, 핵산, 탄수화물이 만들어져 바다가 마치 국물(수프)과 같은 상태였을 것이다. 38억 년 전 이시기에 지구의 환경이 이러했을 것이다.

원시 생명체의 출현

지구가 생겨나고 7억 년이 더 흘러서야(31억 년 전) 비로소 가장 간단한 생물인, 단세포 생물(한 개의 세포로 된 생명체)이 바다에서 출현하였다. 다시 16억 년이 흐른, 지금으로부터 15억 년 전에 단세포 생물 중 일부가 유전물질을 핵막으로 가두기 시작했고 호기성 생물과 광합성 세포를 받아들여서 각각 미토콘드리아와 엽록체로 진화하면서 초기 진핵세포가 형성되었다. 진핵세포는 생명이 시작된 지 25억 7천만 년이 더 흘러서야 출현하였다. 단세포 생물 출현 후 25억 7천만 년이 지난, 지금부터 5억3천만 년 전 진핵세포는 더욱 진화하여 근육세포, 신경세포, 생식세포, 감각세포 등을 가진 다세포생물(많은 수의 세포로 구성된 생명체)이 탄생하였다. 바다 속은 생명으로 가득 찼으나 육지는 아직 생명이 없는 황무지였다. 4억 3천만 년 전에 광합성 식물이 먼저 육상으로 진출하여 대기에 산소를 충분히 공급하고 난 후에야, 지금으로부터 4억 년 전에 비로소 어류가 상륙을 시도하게 된다. 뭍으로 올라간 양서류는 진화하여 파충류, 이어 포유류가 되었고, 비로소 지금부터 5백만 년 전에 인류의 조상이 출현하여 오늘에 이르게 되었다. 요약하면 지구가 형성된 후 15억 년이 지나서 원시생물인 원핵세포가 지구상에 출현하고, 다시 6억 년이 지난 후에 고등생물인 진핵세포 동물이 탄생하게 되었다.

사람의 출현과 계통분류

진핵세포 생물이 어류를 비롯한 다양한 바다생물로 진화하는데 10억 년이 필요했다. 그러나 바다 생물로부터 양서류, 파충류와 포유류 등 고등 육상 동물로 진화 하는 데는 더욱 빠르게 일어나 1억3천 년 밖에 소요 되지 않았다. 그리고 약 5,000만 년 전에 포유류로부터 인간의 조상(영장류)이 속하는 영장목이 출현하였다. 그리고 가장 최근 500만 년 전에 유인원으로부터 사람종으로 진화하였다. 지구의 나이, 46억 년에 비하면 인간의 출현은 너무나 짧은 순간에 일어난 가장 최근의 사건이다(그림 1-1).

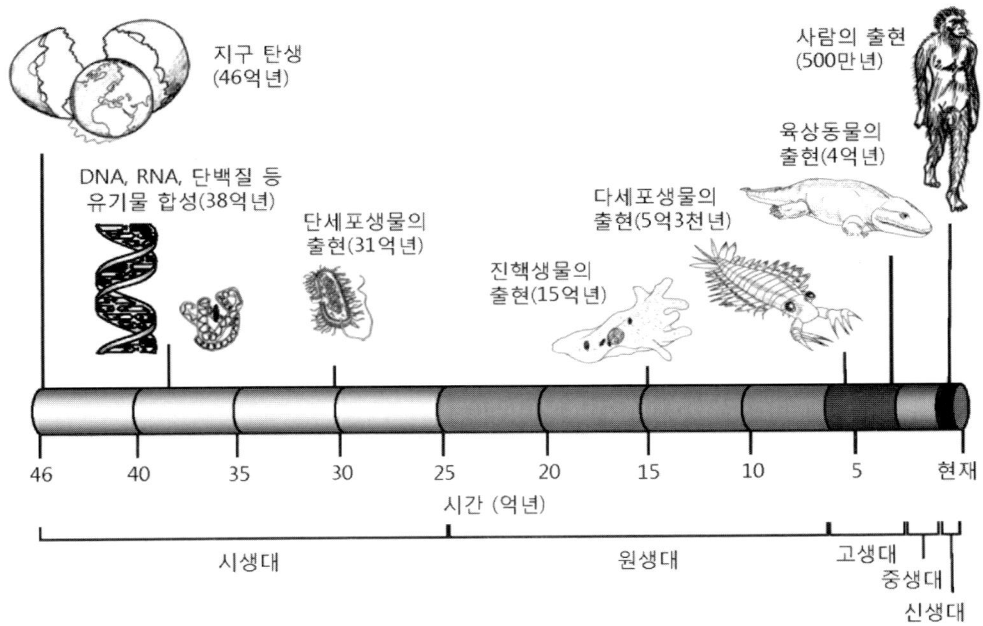

그림 1-1. 46억 년 전 지구형성과 생물진화.
지구의 나이는 방사성동위원소의 반감기를 이용하여 지구의 암석과 운석의 연대를 측정하며 현재 널리 받아들여지는 지구의 나이는 약 46억년이다.

현재 지구상에는 1,000만여 종의 생물이 서식하고 있고 사람도 1 개의 종으로서 계통 분류해 보면, 사람은 동물(계)에 속하며, 척추를 가진 동물인 척삭동물(문), 젖을 가진 포유(강), 다람쥐원숭이, 오랑우탄, 고릴라, 침팬지, 보노보, 사람이 속하는 영장(목), 영장(목)에서 다람쥐원숭이가 빠진 사람(과)인 인원류로 분류되고, 그리고 사람(과) 에서 오랑우탄과 고릴라가 빠진 사람(속)으로부터 마지막으로 침팬지가 빠진 사람(종)으로 분류된다(그림 1-2). 그러면 사람을 비롯하여 지구상에서 탄생한 모든 생명체가 가지는 공통된 특징은 무엇 일까?

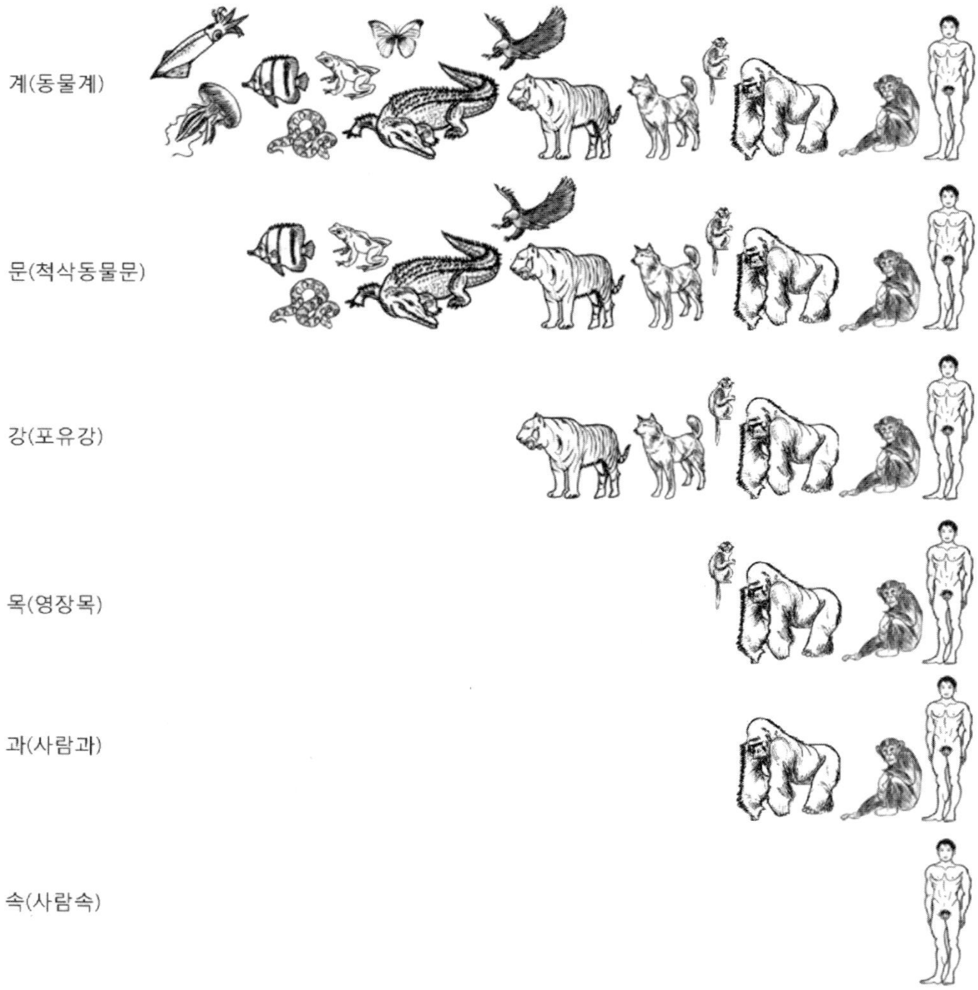

그림 1-2. 인간의 분류.

(Tip) 유기물질이란?

1900년 초 까지는 시험관 속에서 일어나는 화학반응으로 부터는 오직 무기물질만 합성될 수 있으며, 유기물질은 생명체에서만 만들어지는 물질로서 생명체를 구성하고 있다고 생각하였다. 그러나 그 후 많은 연구와 실험을 통하여 시험관 속에서도 화학반응을 통하여 무기물에서 유기물질이 합성될 수 있다는 것이 밝혀졌다. 이 사실은 무생물 상태인 지구환경에서 생명체가 탄생할 수 있다는 것을 의미한다.

(Tip) 영장류와 유인원은?

사람과 같은 조상을 가졌다고 생각되는 동물로는 원숭이류와 유인원이 있다. 특히 유인원에는 고릴라, 오랑우탄, 침팬지와 보노보가 속하며 우리 인간의 DNA와 가장 유사한 DNA를 가지고 있으며 모습과 행동이 사람과 가장 많이 닮아서 동물원에 가면 사람들의 관심을 많이 끈다.

(Tip) 인류의 진화와 근원을 찾아서 - 인류는 아프리카에서 기원하였다.

같은 사람의 조상으로부터 침팬지 종과 사람 종으로 진화하여 현재는 지구상에 서식하는 인류는 호모 사피엔스(*Homo sapiens*) 종으로 약 70억 명의 사람이 살고 있다. 현재의 호모 사피엔스 종으로 되기 전에 침팬지 종과 분기된 후 약 500만 년의 장구한 기간을 통하여 인류는 10~12개의 종으로 진화하는 과정을 경험하였다. 인류의 화석을 분석해보면 유인원에 비슷한 모습에서 인간에 가까운 모습으로 진화되는 과정을 볼 수 있다. 인류화석의 증거를 보면 첫 화석은 1856년 독일 네안데르계곡의 동굴에서 발견된 네안데르탈인(*Homo neanderthalensis*) 이었고, 1891년에는 더욱 오래된 인간의 화석이 인도네시아 자바(Java)에서 발견되어 직립원인(*Homo erectus*)으로 명명되었다. 첫 번째 아프리카 인류화석인 타웅어린이(taung child)가 1924년에 남아프리카에서 발견된 후 1974년에는 에티오피아에서 거의 완전한 골격을 갖춘 화석인 루시(Lucy)가 발견되었다. 아프리카에서 발견된 화석을 연구 분석 결과 타웅어린이 화석은 *Australopithecus africanus* 종으로, 화석 루시는 *Australopithecus afarensis* 종으로 각각 분류 되었다. 방사성 연대측정법으로 얻어진 이들 화석의 연대를 기본으로 아프리카 인류화석의 연대가 더 오래되어 초기인류의 조상이 아프리카에서 기원하였다고 생각하고 있다(그림 1-3).

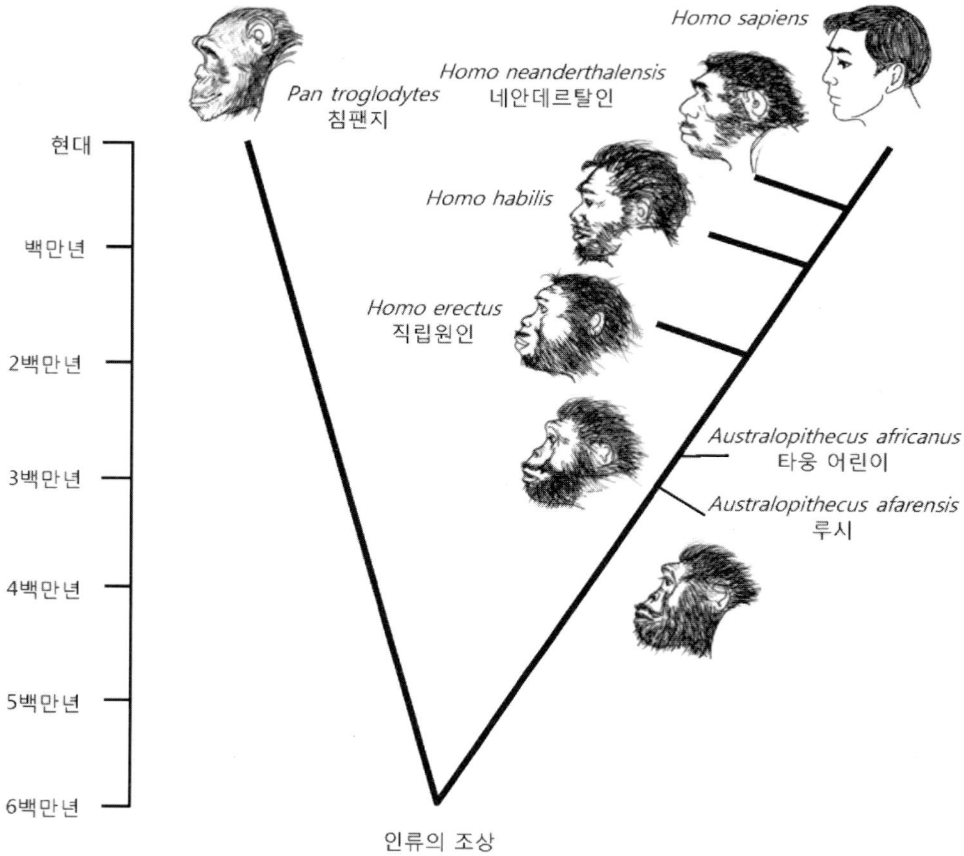

그림 1-3. **인간의 진화.** 인간의 조상은 아프리카에서 시작해서 지구 구석구석으로 퍼져나갔다. 호모 에렉투스(*Homo erectus*), 직립한 사람; 호모 하빌리스(*Homo habilis*), 도구를 사용하는 사람; 호모 사피엔스(*Homo sapiens*), 생각하는 사람; 오스트랄로피테쿠스 아파렌시스(*Australopithecus afarensis*), 아파렌에서 발견된 남쪽 원숭이; 오스트랄로피테시네(*Australopithecines*), 오스트랄로피테쿠스와 그 친척 속에 속하는 종들의 통칭; 인간의 조상 또는 그 근영종들은 오스트랄로피테쿠스 이외에도 파란트로푸스, 진잔트로푸스, 케냔트로푸스, 아르디피테쿠스 등 여러 속들의 화석들이 보고되었으나 분류의 정확성은 아직도 논란이 많다.

(Tip) 인간진화에 따른 두개골의 변화 이야기

최초의 진정한 두 발로 걷는 인간 조상은 대략 450만 년 전에 지구상에 나타났는데, 이들 인간조상을 오스트랄로피테쿠스(*Australopithecines*)라고 이름지었다. 400만 년 전에 살았던 가장 오래된 인간조상의 화석이 아프리카, 에티오피아에서 발견되었는데 *Australopithecus afarensis*로서, 일명 “루시”라 부르는데 이 고대 인간조상 두개골의 측면과 앞면이 그림 1-4 -1a & b에 그려져 있다. “루시”의 두개골은 작은 원숭이 것과 비슷하여 뇌의 크기는 작으나 사람과 같은 턱과 이빨을 가지고 있다. 따라서 *Australopithecus afarensis* 는 사람과 원숭이의 특징을 다 가지고 있다고 생각된다.

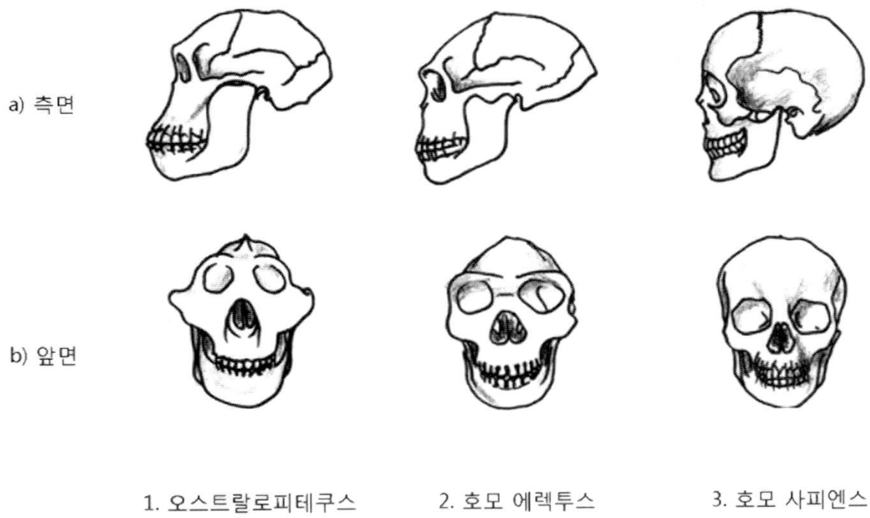

그림 1-4. 인간진화에 따른 두개골의 변화.

다음으로 오래된 인간조상 화석은 약 200만 년 전에 지구상에 서식 하였던 호모 하빌리스(*Homo habilis*)로서 *A. afarensis*로부터 기원하여 처음으로 돌로 된 원시기구를 사용하였을 것으로 생각된다. 약 180만 년 전에 호모 하빌리스의 자손으로 호모 에렉투스(*Homo erectus*)의 두개골의 모양이 그림 1-4 -2a & b에서 볼 수 있다. 뇌의 크기는 현대 사람의 가장 작은 성인의 것과 비슷하여 대략 1,000 입방 cm 정도이다. *A. afarensis*(1a & 1b)와 *Homo erectus*(2a & 2b)의 두개골 모양을 비교해 보면 서로 완전히 다른 얼굴을 가지고 있다. *H. erectus*는 눈 위에 뚜렷한 용마루를 가지고 있고, 얼굴은 덜 튀어나왔고, 아래턱은 훨씬 크기가 작아졌다. 코 또한 뜨겁고 건조한 기후에 적응하여 더욱 튀어 나왔다. 그러나 *A. afarensis* 모습의 특징을 약간 가지고 있으며 처음으로 아프리카를 떠나서 유럽으로 이주하였고 약 30만 년 전까지 살다가 사라졌다. 처음으로 불, 도끼나 식칼을 사용하였다. 약 30만 년 전에 근대 인류인 *Homo sapiens* 가 *Homo erectus* 로부터 아프리카에서 진화하여 대략 10만 년 전에 유럽과 아시아로 이주하였다. 그림 1-4-3 a & b에서 근대 인류인 *Homo sapiens* 의 두개골을 보면 두개골은 반 둥근모양이고, 눈썹은 미끈해 졌고, 아래턱은 뚜렷해 졌다. 앞의 인류의 조상인 두개골(1a & 1b 와 2a & 2b)들을 비교해 보면 앞이마는 높고 뇌의 크기는 커졌고 얼굴은 납작해 졌다. 초기 유럽 *Homo sapiens*는 떼를 지어 사냥하고 언어를 사용 할 수 있었다.

(Tip) 사람과 침팬지의 DNA 염기서열 유사성

사람과 유인원 중에서 원숭이, 고릴라, 침팬지의 DNA 염기서열의 유사성을 비교해보면 침팬지가 가장 많은 유사성을 보이는데, 사람의 DNA 염기서열과 99%가 같다(그림 1-5). 이는 같은 조상에서부터 어느 시기에 침팬지 종과 사람 종으로 진화되었다는 사실을 의미한다.

인간과 침팬지의 DNA 염기서열을 비교하면 99%가 같고 1% 미만이 서로 다르다. 그러면 1% 미만의 다름이 어떻게 사람과 침팬지의 모습, 지적 능력 등 많은 형질들에 있어 너무나 차이가 날까? 더욱이나 인간개체는 0.1%(?) 미만의 DNA 염기서열이 다른데 어떻게 각 개체의 모습이 다를까?

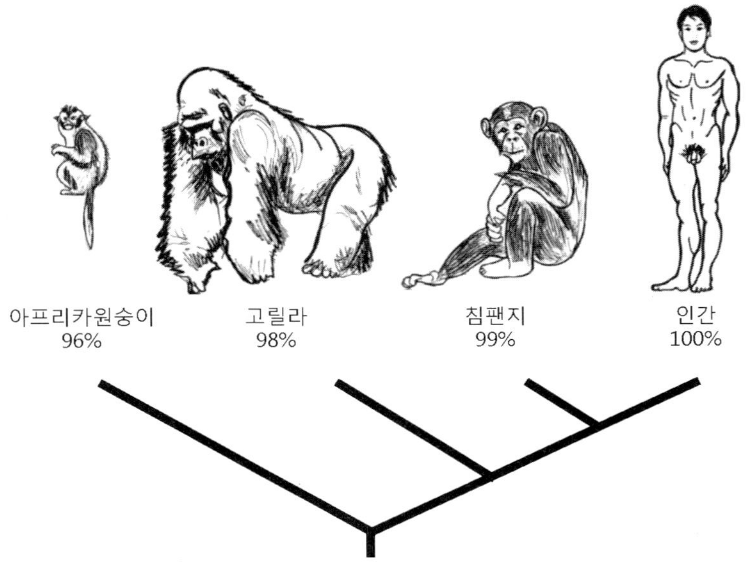

그림 1-5. DNA 염기서열의 유사성

제 2장 생명체
- 다양한 모습과 기능을 가진 살아있는 물체

생물체와 무생물체는 어떤 점이 서로 다른가?

우리가 살고 있는 지구촌에는 우리 인간을 비롯하여 많은 종류의 생물과 무생물들이 조화를 이루며 살고 있다. 우선 도시 주위를 살펴보면 수많은 빌딩들, 포장된 도로와 차들 그리고 다양한 종류의 가로수와 애완동물, 개 등을 볼 수 있다. 여기서 사람과 가로수와 개들은 생물에 속하며, 빌딩들, 도로와 차들은 무생물이다. 다시 농촌으로 한 번 가보자. 눈에 보이는 것들은 초가집, 황토길, 논과 밭에서 자라는 벼, 보리 및 채소들, 그리고 소, 돼지, 닭 등 가축들이다. 이들 가축 동물들이나 곡식을 생산하는 작물 식물들은 모두 생물이다. 생물과 무생물을 구별하는 것이 너무나 쉽게 보이나 생물은 무생물에서는 볼 수 없는 특이성을 가지고 있다. 그러면 생물만이 가지고 있는 특성들은 어떤 것들 인가?

생물다양성

위에서 간단히 열거된 동 식물들의 예에서 보듯이 생물은 다양한 모습과 기능을 나타낸다. 공기 중에 떠도는 먼지나 작은 물방울 속에는 눈에 보이지 않는 세균, 곰팡이 포자(씨앗)등 미생물이, 바닷물 속에는 다양한 물고기, 해조류, 수초들이, 산과 들에는 각종 나무들, 잡초들, 그리고 곤충들이 살고 있다. 그러면 지구상에는 얼마나 많은 종류의 생물이 살고 있을까? 현재 지구상에는 적어도 1,000만 종 이상의 생물 종이 살고 있으며 각 종은 각각의 독특한 모습과 특별한 역할을 하는 기능을 가지고 있다. 예를 들어 사람 종은 지구상에 존재하는 1,000만 종 중에서 1 개의 종에 속하며 사람다운 고유한 모습과 기억, 사물을 판단하는 기능 등을 보유하고 있다. 다시 말하면 지구상에 서식하는 1,000만 종이 나타내는 모습들과 기능들은 이루 헤아릴 수 없이 많다! 이와 같은 다양한 모습과 기능들은 무생물에서는 찾아 볼 수 없는 생물만이 가지는 특성으로서 생물다양성이라 한다. 생물다양성과 함께 생물만이 가지는 몇 가지 능력이 더 있는데, 유전정보를 후세에 전달할 자손생산 능력, 물질대사 능력, 외부자극에 대한 반응 능력, 변화된 환경에 대한 적응 능력 그리고 항상성을 유지할 수 있는 능력 등이다.

자손 생산 능력!

생물은 생물다양성 외에도 무생물이 갖지 못하는 특별한 능력을 가지고 있는데, 생물은 그 생물이 속하는 종의 특성을 결정하는 유전물질을 가지고 있어, 부모와 닮은 자손을 낳는다. 다시 말하면 사람은 사람의 모습을 가진 아이를 낳고 그 아이는 부모의 모습을 닮는다. 개 종은 일반적인 개의 모습을 가진 강아지를 낳고, 소는 송아지를 생산하는 능력을 자손 대대로 물려준다.

물질대사 능력!

생물은 세포외부에서 받아들인 유기물질을 분해시켜서 에너지를 얻어서 살아간다. 유기물을 받아들이지 않는 일부 세균의 경우는 태양빛이나 화학에너지를 이용해서 유기물을 합성하기도 한다. 이런 것들을 물질대사 또는 에너지대사라 하며 생물만이 가지는 특징이다.

외부자극에 대한 반응능력!

생물은 주위에서 가해지는 여러 종류의 자극에 대하여 적절한 반응을 나타내는 능력을 가지고 있다. 이들 자극들은 빛이나, 화학물질, 유기물질, 전기충격과 물리적 충격을 들 수 있는데, 사람을 비롯하여 대부분 동물들은 전기충격에 대하여 몸을 피하는 반응을 나타낸다. 또한 식물의 잎은 햇빛을 향하거나, 뿌리는 햇빛에 반대하는 땅을 향하는 반응을 보인다. 세균도 빛을 향하거나 피하는 극성을 나타내며, 때로는 이용할 수 있는 유기물질(음식물)을 향하여 돌진한다. 여름밤에 불꽃이나 전등 빛을 향하여 날아드는 나방이나 이름 모를 곤충들을 볼 수 있다. 이와 같이 생물은 외부의 자극에 반응을 나타내는 능력을 가진다.

변화되는 환경에 대한 적응능력!

무생물과 다르게 생물은 주위 환경과 조화를 잘 이루며 살고 있다. 생물이 살고 있는 지구 환경은 지구가 형성된 때부터 서서히 변화되어 왔다. 지구가 생성된 후, 어느 시기부터 원시생물이 지구상에 나타난 후, 변화된 지구환경에 적합하고 복잡한 생물로 발전하였다. 만약에 생물이 변화된 환경에 적응하는 능력이 없었다면 변화되는 지구 환경에서 삶을 유지하지 못하였을 것이다. 따라서 지구는 무생물의 세계로 되돌아갔을 것이다. 그러나 생물은 새로운 환경에 적응하는 능력을 가지고 있어, 새로운 기능을 가진 새로운 생물로 진화하게 된다. 생물 종에 따라서는 끓는 물에서 살거나 강산성 환경에서 살기도 하고 심지어는 방사능 폐기물에서도 사는 것들이 있어서 늘 우리를 놀라게 하지 않는가?

항상성을 유지할 수 있는 능력!

생물은 자신이 사는 환경에 최적의 상태를 지속적으로 유지하려는 특성이 있다. 생물의 많은 생명현상은 항상성 유지를 위해서 일어난다. 가령, 더운 곳에서는 덥혀진 체온을 낮추기 위해서 땀을 흘리거나 탈수증상이 생기면 물을 보충하기 위해서 갈증을 느끼고 물을 마시는 것 같은 현상들이다. 생물의 항상성이 파괴되면 그것은 곧 죽음을 의미한다.

이 외에도 생물은 성장과 증식을 할 수 있는 능력을 가지고 있다. 생물다양성과 함께 자손 생산 능력, 외부 자극에 대한 반응 능력과 변화된 환경에 대한 적응 능력 등을 나타내는 물체를 생명체라고 한다. 그러면 생명체는 어떤 물질로 구성 되었으며 어떤 구조를 가지고 있을까?

(Tip) 종이란?

수많은 종류의 생물들을 분류하기 위하여 분류의 규칙이 있는데, 생물은 계 → 문 → 강 → 목 → 과 → 속 → 종 → 품종으로 분류된다. 사람을 예로 들어 다시 설명하면, 사람은 동물계에 속하며 척추를 가지고 있어 척추동물문, 그리고 우선 젖을 가진 포유강 으로부터 시작하여 사람이 속하는 영장목 → 사람과 → 사람속 → 사람종 → 사람품종(그림 1-3)으로 분류할 수 있는데, 품종으로 황인, 백인, 흑인이 있고, 개 품종으로는 진돗개, 삽살개와 풍산개 등 사람의 필요에 따라 개량된 수많은 품종이 있다. 각각의 종은 그들의 고유한 모습과 기능을 가지고 있으며 같은 종 사이나 품종 간에는 자연스럽게 교미가 일어나며 또한 자손을 낳을 수 있다. 하지만 자연 상태에서는 다른 종 사이에는 교미가 일어나지 않으며, 설사 교미가 일어나도 자손을 낳지 못한다. 그러나 간혹 동물원에서 인위적으로 사자와 호랑이를 교미시켜 새끼(라이거)를 낳은 경우가 보고된 바가 있으나 이 새끼는 더 이상 자손을 낳을 수 없다. 이 같은 사실은 사자 종 과 호랑이 종이 가장 최근에 서로 다른 종으로 분리되었음을 의미한다.

제 3장 세포
- 우리 몸을 구성하는 최소단위

살아있는 물체, 즉 생명체를 구성하는 가장 기본이 되는 단위는 무엇일까? 집을 건축 할 때 집의 외곽과 내면을 결정하는데 벽돌이나 시멘트 블록이 쓰인다. 따라서 집을 짓는데 벽돌이 집을 구성하는 구조의 기본 단위가 된다. 벽돌처럼, 생물을 구성하는 기본 단위가 세포이다. 또한, 단 하나의 세포가 앞(제 2장)에서 언급한 생물의 특성을 나타낼 수 있는 생물체이므로 세포는 기능의 최소 기본 단위인 동시에 생물을 구성하는 최소단위라고도 말 할 수 있다. 생물을 이루는 최소 단위인 세포를 기준으로 분류하면 크게 두 개의 군으로 대별 된다. 즉 단 한 개의 세포로 구성된 단세포 생물과 수많은 세포로 이루어진 다세포 생물이 그것이다.

단세포 생물에는 세균이나 효모 그리고 물속에 사는 일부 단세포인 조류가 속하며, 사람을 비롯하여 많은 종의 동식물이 다세포 생물에 속한다. 우선, 사람은 400조 개의 세포로 구성 되어있으며, 각각의 세포는 똑 같은 유전 정보를 부모로부터 물려받아 가지고 있다.

세포구조

우리의 몸을 이루는 가장 기본이 되는 세포는 어떻게 구성되어 있을까? 수많은 세포로 구성된 다세포 생물의 세포를 진핵세포라고 하며 대부분의 동식물 세포의 지름은 약 100μm 정도여서 현미경으로만 세포를 관찰할

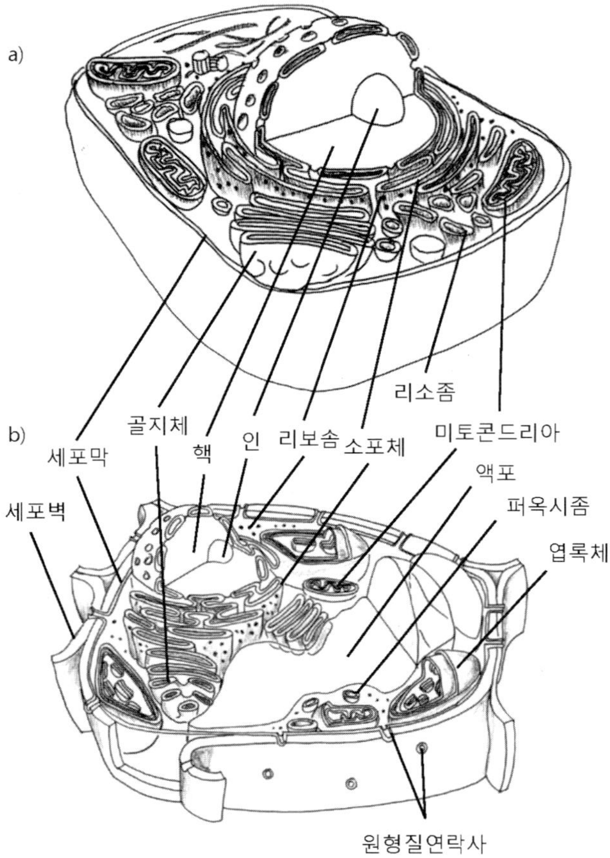

그림 3-1. 진핵세포. a. 동물세포 b. 식물세포

수 있다. 세포의 가장 밖을 싸는 세포막(원형질막)은 세포를 보호하고, 물질의 이동을 조절한다. 세포막 안을 세포질이라고 하는데, 세포질 속에는 사람의 형질(특성)을 결정하는 유전물질을 포함하는, 막으로 싸인 핵을 가지고 있으며 핵 속에는 리보솜의 부품을 합성하는 데 관여하는 인이 있다. 그 외에, 세포질에는 단백질 합성 장소인 리보솜, 핵 주위를 싸고 단백질 운반 역할을 하는 소포체, 단백질을 저장 및 분비 하며 당 단백질을 합성하는 골지체, 에너지를 생산하는 미토콘드리아, 그리고 소화효소들을 담은 주머니인

리소좀 등이 있다(그림 3-1a). 식물의 세포는 동물세포와 거의 비슷하나 다른 점은 동물세포의 세포막을 대신해 두꺼운 세포벽이 있고, 세포질 속에는 동물세포에 없는 광합성에 관계하는 엽록체가 있다(그림 3-1b).

세균과 같이 단세포 생물의 세포를 원핵세포라고 하며 세포구조는 대단히 간단하다. 핵막에 싸인 진정한 핵이 없이 유전 물질이 세포질 속에 노출되어 있으며, 리보솜과 메소좀이 있다. 특히, 원핵세포의 크기는 진핵세포보다 훨씬 작다(그림 3-2).

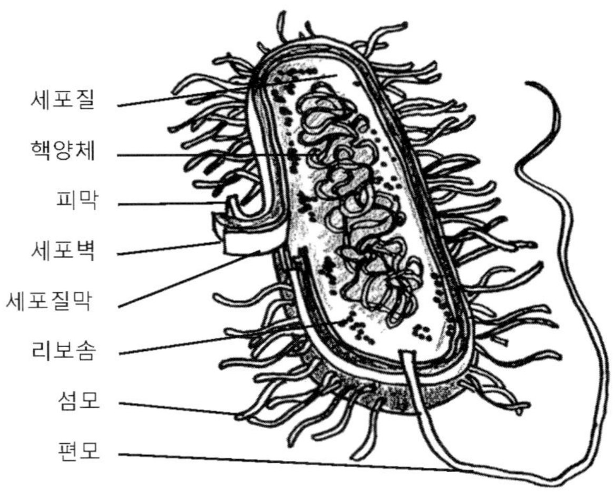

그림 3-2. 원핵세포. 진핵세포와는 달리 세포내 소기관이 없고 미토콘드리아와 같은 세포내 소기관이 하는 기능을 세포막이 대신 수행한다.

특이한 것은, 진핵세포에 있는 미토콘드리아나 엽록체에는 이들 기관이 속하여 있는 세포의 유전물질(DNA)과 리보솜과 완전히 다른 기관 고유의 유전물질 (DNA)과 리보솜을 가지고 있다.

제 4장 세포호흡과 광합성 - 우리 몸이 이용하는 에너지는 태양빛 에너지로부터

생명체는 생명의 특성(제 2장)을 나타내기 위하여 생명체의 기본단위인 세포에 끊임없는 에너지의 공급이 요구된다. 만약 필요한 에너지가 세포에 공급되지 못하면 세포는 생명현상을 유지하지 못하고 결국 생명체는 죽게 된다. 그러면 그 많은 필요한 에너지는 궁극적으로 어떻게 만들어지며 어디에서 공급될까?

우리 몸을 구성하는 모든 세포는 중합체 합성(핵산, 단백질, 탄수화물과 지방 등), 물질수송, 운동, 생식 등 생명현상을 나타내기 위하여 끊임없이 영양분의 공급을 필요로 한다. 동시에, 공급된 영양분을 분해하여, 그 속에 있는 에너지를 사용하기 위해서는 산소의 공급이 또한 필요하다. 산소가 허파 꽈리에서 그곳에 분포된 실핏줄로 녹아들어 혈관을 통하여 각 세포로 운송되고, 우리가 먹은 영양분 중에서 일차 에너지원인 탄수화물의 소화산물인 포도당을 산화하여 세포가 필요한 에너지를 추출하는 과정을 세포 호흡이라 한다. 생명체가 공기 중에 있는 탄산가스로부터 탄소와 산소를 공급받고, 뿌리로부터 흡수한 물 분자로부터 수소를 합쳐서 무한히 풍부한 태양의 빛 에너지를 화학적 에너지로 전환하여 탄수화물의 기본 단위인 포도당을 합성하는 과정을 광합성이라 한다. 따라서 생명체가 생명현상을 나타내기 위하여 생명체를 구성하는 세포가 필요한 에너지는 풍부한 태양의 빛 에너지가 화학적 에너지로 전환되어 공급된다.

생체에너지, ATP(adenosine triphosphate)란?

세포가 생명현상을 나타내는데 바로 사용되는 에너지는 탄수화물이나 지방에 포함된 화학 에너지가 아니라 이들 영양분이 소화 분해되어 얻어진 분자량이 작은 ATP이다.

우리가 섭취한 음식물 즉 탄수화물이나 지방과 단백질 속에는 많은 화학적 에너지를 저장하고 있지만 우리 몸의 세포가 생명현상(생식, 운동, 합성 및 분해)을 유지하기 위하여 에너지를 필요로 할 때는 곧 바로 사용 할 수 없다. 따라서 음식물에 저장된 화학적 에너지를 세포가 필요에 따라 바로 사용 할 수 있는 간단한 화학적 에너지형태로 저장하고 있는 ATP의 생산이 필요하다. 비유하면, ATP는 우리가 물건을 구입할 때 은행에 예금된 금액이 아니라 바로 사용할 수 있는 지갑 속에 있는 현금과 같다. ATP는 쉽게 가수분해 되면서 ADP와 무기인산(Pi)으로 변하면서 -730cal 의 자유 에너지를 생산한다. 이때 발생한 730cal 에너지는 우리 몸을 구성하는 각 세포가 생명 현상을 나타내는데 사용된다. 따라서 ATP를 생체에너지라고 한다. 즉 ATP + H_2O -> ADP +Pi (+자유에너지)(ΔG=-7.3K cal/mole)이다.

미토콘드리아, ATP를 공급하는 환전소

그러면 현금과 같은 ATP는 세포에 있는 어느 기관에서 만들어질까? 미토콘드리아는 우리가 먹은 음식물을 소화분해하고, 에너지를 추출하여, 세포가 수축하고, 성장하고 분열하는, 기초대사를 수행하는데 바로 사용 할 수 있는 에너지, 즉 ATP를 세포에게 공급하는 환전소와 같은 역할을 한다. 즉, 음식물을 산화시켜, 그 속에 포함된 화학적 에너지를 세포가 쉽게 이용할 수 있는 화학적 에너지로 저장한 ATP로 전환시켜 주는 기관이다. 우리 몸은 에너지를 저장한 고분자 물질을 가지고 있으나, 세포활동을 할 때 빠르고, 쉽게 사용할 수 있는 에너지를 필요로 한다. ATP는 세포가 필요할 때 바로, 손쉽게 사용할 수 있는 에너지원이다. 비유하면, ATP는 주머니 속에 있는 현금과 같다. 원하는 물건을 즉시 구입 하려면, 주머니 속에 얼마간의 현금이 항상 있어야 한다. 현금을 모두 쓰고 나면, 현금을 찾으러 은행에 가야 한다. 생물체에서 고분자물질(탄수화물, 지방과 단백질) 속에 저장된 에너지는 마치 은행에 예금된 돈과 같다. 현금을 쉽게 사용하는 것과 똑 같이, 세포는 필요할 때 ATP를 간단하게 분해하여 에너지로 사용한다.

세포호흡, ATP 생산(그림 4-1)

실제로 세포 내에서 1 분자의 포도당은 세포질 속에서 산소가 없는 상태에서 2 분자의 피루브산으로 분해되면서 2 분자의 ATP를 생산하고 피루브산은 아세칠-CoA로 전환되어 미토콘드리아 내에서 산화되면서 수많은 ATP를 생산한다.

음식물 속에 저장되어 있는 에너지를 바로 사용할 수 있는 에너지, 즉 ATP로 전환하는 과정을 세포호흡이라고 하는데, 세포호흡에서 일어나는 현상은, 규모는 훨씬 작지만, 여름밤에 캠프화이어에서 일어나는 현상과 비슷하다. 캠프화이어에서는 나무 장작을 산소와 함께 태우면서 에너지를 열과 빛으로, 물질로서는 탄산가스와 물을 주위환경으로 방출한다. 세포호흡이 일어나는 미토콘드리아에서는, 음식물의 소화분해 과정에서 실핏줄에서 공급된 산소를 태우면서, ATP 형태로 에너지를 세포에 전달하며, 주위로 탄산가스와 물을 방출한다. 미토콘드리아에서 일어나는 세포호흡을 요약하여, 화학 공식으로 표현하면,

포도당 + 산소 → 탄산가스 + 물 + 에너지
($C_6H_{12}O_6$) ($6O_2$) ($6CO_2$) ($6H_2O$) (ATP) (그림4-1)

다시 말하면, 1 분자의 포도당이 분해되어 6개 탄산가스분자와 6개 물 분자를 세포 속으로 방출하고, 약 36~38개의 ATP를 생산한다.

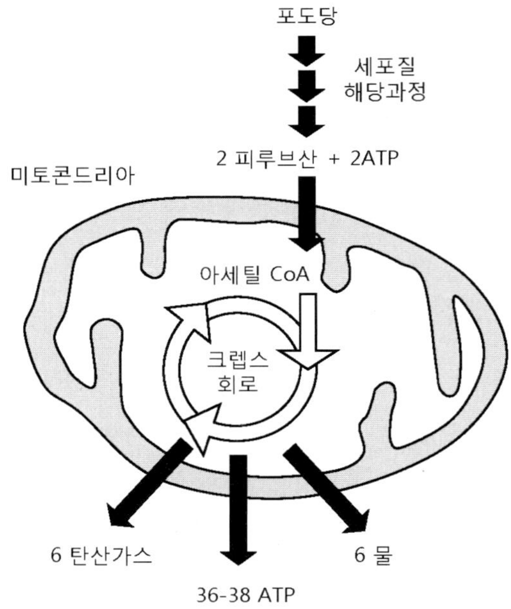

그림 4-1. 세포호흡. 진핵생물의 세포호흡은 미토콘드리아에서 일어나며 원핵생물은 세포막에서 일어난다.

엽록체, 빛 에너지를 화학 에너지로 전환하는 변전소

모든 생명체가 생명현상을 나타내는데 필요한 ATP라는 화학 에너지는 유일하게 태양으로부터 무한히 지구로 비쳐오는 빛 에너지를 전환하여 생산된 것이다. 그러면 세포 내에 있는 어느 기관에서 태양의 빛 에너지가 화학적 에너지로의 전환이 일어날까?

엽록체는 식물이나 조류에서만 발견되는 기관인데, 태양으로부터 발산되는 빛 에너지를 화학적 에너지로 전환하여, 당분 속에 저장하는 광합성을 수행하는 특별한 기관이다. 엽록체는 태양빛을 흡수할 수 있는 초록색을 가진 엽록소를 가지고 있기 때문에 확실히 초록색으로 보인다. 광합성 과정에서, 태양빛 에너지는 탄산가스와 물 분자를 결합하여 포도당을 합성하는데 사용되고, 포도당은 여러 가지 녹말이나 섬유소와 같이 고분자 중합체인 탄수화물을 만드는 기본 재료가 된다. 즉, 합성된 당과 토양에서 흡수한 광물질과 약간의 질소를 합하여, 식물은 식물세포를 구성하는데 필요한 모든 물질을 만들 수 있다.

광합성, 빛 에너지를 화학 에너지로 전환 - 포도당 합성

생물이 사용하는 에너지는 결국 유기물 속에 저장된 태양 에너지이며 태양 빛에너지를 화학 에너지로 전환해주는 것은 식물의 엽록체가 수행하는 광합성이다. 세포에서 흔히 존재하는 당은 포도당인데, 포도당의 화학 공식은 $C_6H_{12}O_6$ 이다. 여기, 포도당의 화학공식으로부터 포도당을 구성하는 원소들을 유추해 보면, 탄소, 수소, 산소이다. 포도당을 합성하기 위하여 식물은 탄소, 수소, 산소원자와 이들 원자들을 결합하는 에너지가 필요하다. 여기서, 탄소와 산소는 대기 중에 있는 탄산가스로부터, 수소는 토양에 있는 물에서, 이들 원소들을 결합하여 포도당을 합성하는데, 필요한 에너지는 태양빛 에너지를 사용한다. 광합성은 다음의 두 가지 주요 단계를 거쳐 일어난다.

명반응, 빛이 필요한 화학반응(그림 4-2)

빛 에너지를 화학적 에너지로 전환하는 반응으로서, 빛 에너지를 ATP 속에 화학적 에너지로 저장한다. 즉, 빛 에너지가 엽록소에 흡수되면, 빛 에너지는 물 분자를 분해하고, 이때 방출되는 전자들은 ATP 속에 빛 에너지를 화학적 에너지로 전환하게 한다. 따라서 식물은 물 분자를 분해하여 산소를 대기 속으로 내 보내고, 대신에 우리는 산소를 호흡한다. 우리는 광합성 부산물인 산소를 얻어서 살아가는 셈이다.

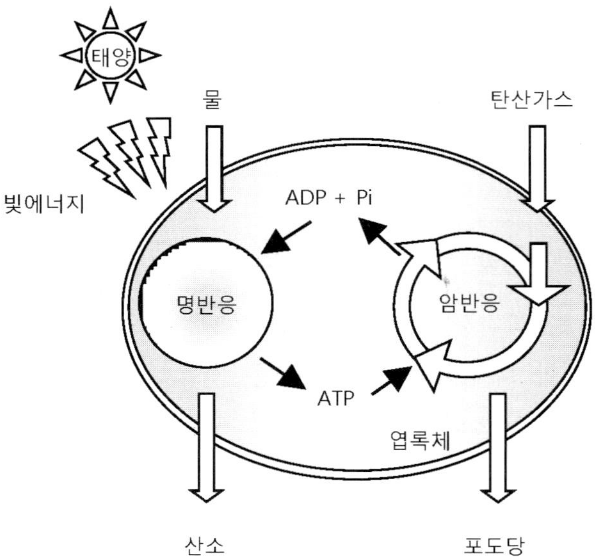

그림 4-2. 광합성. 식물이나 조류의 엽록체에서 일어나며 광합성 세균의 경우 엽록체가 없고 원형질막의 일부가 세포질속으로 돌출된 곳에 존재하는 엽록소에서 광합성이 일어난다.

암반응, 빛이 필요 없는 화학반응

명반응에서 합성된 ATP 속에 저장된 에너지를 탄산가스와 물 분자를 결합하는데 사용하여, 포도당을 합성하는 과정이다(그림4-2). 광합성 반응을 화학공식으로 표현하면,

탄산가스 + 물 + 빛 에너지 → 포도당 + 산소

($6CO_2$) ($6H_2O$) ($C_6H_{12}O_6$) ($6O_2$)

요약하면 6개 탄산가스분자와 6개 물 분자를 빛 에너지를 사용하여 결합시켜, 1 분자의 포도당을 생산하고, 6개 분자의 산소를 공기 속으로 방출한다. 세포호흡과 광합성은 서로 상반되는 포도당의 분해와 합성 반응으로 요약된다.

(Tip) 생태계에 있어 물질과 에너지 순환

아프리카 초원에서 뿔소나 누우떼가 풀을 뜯어먹고 에너지를 얻어 생명을 유지하지만 사자나 호랑이 같은 맹수들은 식물을 먹고 자란 뿔소나 누우를 잡아먹어야 에너지를 얻어 삶을 유지한다. 여기서 풀에 있는 영양분 속의 에너지는 궁극적으로 태양으로부터 온 것이다. 즉 산소와 포도당(유기물질, 영양분)은 식물이나 조류에 있는 엽록체를 통하여 광합성에 의하여 만들어지고, 이 포도당은 세포호흡의 연료로서 진핵세포의 미토콘드리아에서 산화 분해되어 ATP를 생산하면서 노폐물인 탄산가스와 물을 방출한다. 세포호흡의 부산물인 탄산가스와 물은 다시 포도당을 합성하는 광합성의 재료로 사용된다(그림 4-3). 이처럼 생태계의 물질은 태양 에너지를 이용하여 생물들 사이를 계속 순환한다.

(Tip) 생체에너지 대사, ATP 생산

우리 몸이 필요로 하는 모든 에너지는 우리가 섭취한 영양물질 중에서 탄수화물과 지방이 소화분해 되어 주로 공급되는데 단백질은 기아상태 와 같은 특별한 경우외에는 에너지 생산에 거의 이용되지 않는다. 특히 제일 먼저 ATP 생산에 사용되는 일차 에너지원인 탄수화물은 소화되어 포도당으로 전환되는데, 포도당은 우선 혈관을 통하여 각 조직세포로 운송되면 우선 세포질 속에서 산소 없이 1 분자의 포도당이 대사과정을 통하여 2 분자의 피루브산과 2 분자의 ATP를 생산하게 된다. 이 과정을 해당과정 이라고 한다. 이때 생산된 2 분자의 피루브산은 2 분자의 아세칠-CoA로 전환되어 각 분자는 미토콘드리아 내에서 실핏줄로 공급된 산소를 이용해서, TCA(tricarboxylic acid)회로 (크렙스(krebs)회로라고도 한다)를 통하여 총 36~38 분자의 ATP를 생산하게 된다. 과잉 섭취된 탄수화물은 포도당으로 소화된 후 글리코겐으로 전환되어 간에 저장된다. 우리가 섭취한 지방은 소화되어 에너지가 필요한 경우에는 아세칠-CoA로 전환된 후 미토콘드리아에서 TCA 회로를 거쳐 ATP 생산에 참여하고 나머지는 우리 몸에 맞는 체지방으로 다시 합성되어 지방세포에 저장된다. 단백질의 경우에는 기아상태와 같은 극한상태 에서는 아미노산으로 분해된 후 아세칠-CoA로 전환되어 TCA 회로를 통하여 ATP 생산에 참여 할 수 있다. 대부분의 경우 우리 몸에 맞는 단백질로 재합성된 후 근육세포를 구성한다. 미토콘드리아에서 일어나는 산소를 필요로 하는 ATP 생산과정을 호기성 에너지대사라고 한다(그림 4-1).

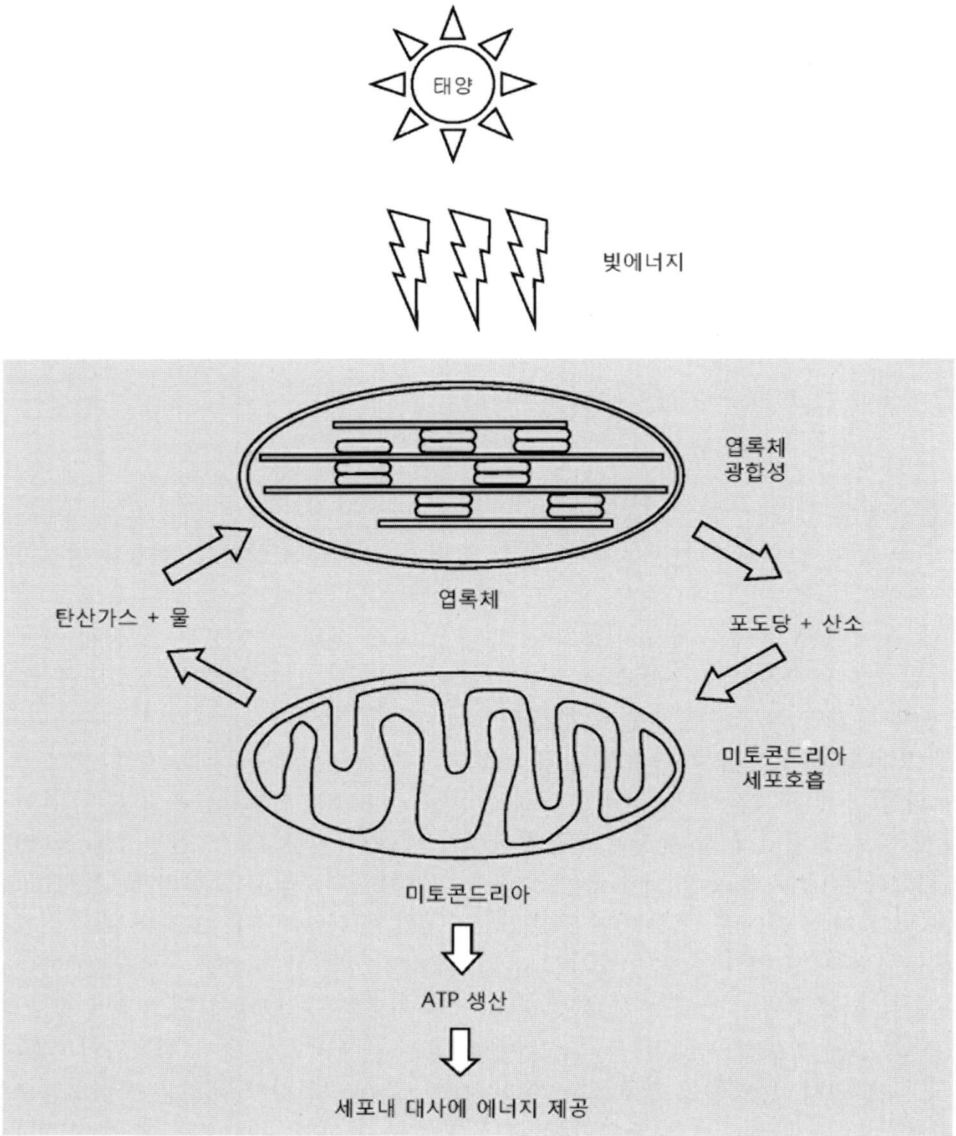

그림 4-3. 생태계의 에너지와 물질 순환

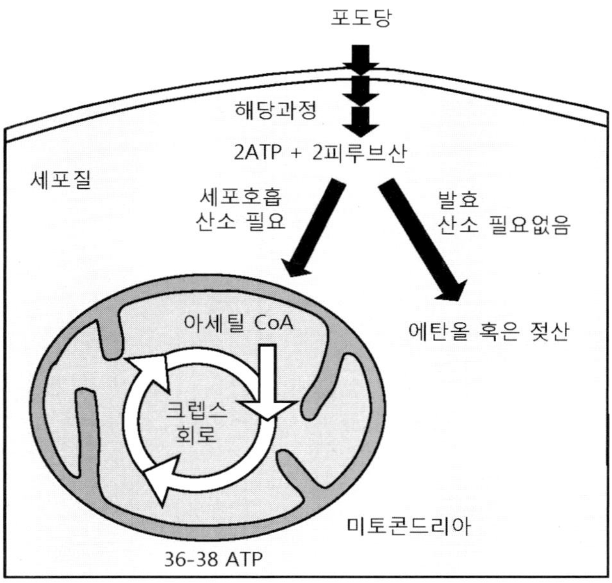

그림 4-4. 세포호흡과 발효

(Tip) 알코올발효와 무산소 호흡

효모는 산소가 없는 무산소 상태에서 1 분자의 포도당을 분해하여 2 분자의 ATP를 생산하면서 2 분자의 알코올을 생산하는 알코올발효를 한다. 또한 젖산간균(*Lactobacillus*)은 유당을 포도당으로 소화하고 1분자의 포도당을 분해하여 2분자의 젖산으로 발효하면서 2 분자의 ATP를 생산하여 에너지로 사용한다(그림 4-4). 반면에 우리가 장거리를 달릴 때 계속되는 근육운동으로 인하여 산소가 고갈된 상태에서 1 분자의 포도당은 완전산화가 되지 않고 2 분자의 ATP와 2 분자의 젖산을 최종산물로 생산하게 된다. 따라서 근육세포 속에 축적된 젖산 때문에 근육이 쑤시며 피로를 느끼게 된다.

(Tip) 기초대사율(basic metabolic rate)

기초대사율은 사람이 깨어 있으면서 휴식상태에서 소모되는 최소에너지의 량으로서 심장수축운동, 혈액의 순환과 수송, 세포 내 필요한 유기물 합성 등 생명을 유지하는데 필요한 최소량의 에너지를 의미한다. 일반적으로 기초대사율은 시간당

70 칼로리로서 1일에 1,680(70 × 24시간) 칼로리이다. 그러나 성별, 체중, 나이와 습관이 기초대사율에 크게 영향을 미칠 수 있다.

(Tip) 운동 후 근육 피로

심한 운동 후 근육에 통증과 피로가 심해서 걷기조차 힘든 경우가 있다. 근육 운동에는 다량의 ATP가 필요한데 이 ATP는 많은 양분, 특히 글리코겐 등을 산화하여 얻는다. 하지만, 단시간동안 양분을 산화시키려면 많은 산소의 공급이 필요한데 혈액의 산소운반능력에는 한계가 있어서 전자전달계를 통한 ATP는 어려워지고 해당과정을 통한 ATP의 생산이 활발해진다. 해당과정의 결과 만들어진 피루브산은 TCA 회로로 가지 못하고 결국 젖산으로 바뀌는데 이것이 피로물질로 근육의 피로를 느끼게 하는 원인이다. 피로물질의 분해는 혈액순환을 촉진시켜서 근육으로 산소를 많이 공급하는 것이 좋다.

생명체는 광합성을 통하여 무한한 태양빛 에너지를 화학적 에너지로 전환하여 탄수화물을 기본으로 단백질, 지방을 합성하고 세포호흡을 통하여 탄수화물을 소화하여 생체에너지인 ATP를 생산하여 생명현상을 나타내는데 사용한다. 그러면 우리의 몸이 성장하는데 필요한 세포의 증식과 자손번식을 위한 생식세포는 어떻게 만들어 질까?

제 5장 세포분열과 생식세포 형성
- 사람의 성장에 필요한 체세포분열
- 정자와 난자 생산에 필요한 감수분열

아기가 태어날 때 체중은 대략 3~4 킬로그램이다. 나이가 들면서 아이의 체중이 늘고 키가 자라면서 청년으로 성장한다. 이는 바로 우리 몸을 이루는 체세포의 수가 많이 증가하였기 때문이다. 이 외에도 피부를 비롯하여 우리 몸을 이루는 각 기관은 항상 새로운 세포로 대체되고 있다. 또한 우리의 몸이 상처나 손상을 입었거나, 화상이나 기관의 일부가 소실되면 새로운 세포가 손상된 부분을 채워 치료한다. 이와 같은 현상은 우리 몸을 구성하는 체세포의 분열을 필요로 한다. 또 한편으로는 체세포는 특별한 양식의 분열을 수행하여 남성으로부터 정자가, 여성으로부터 난자가 만들어 지는데 이를 생식세포형성 이라고 한다.

한 개의 수정란(난자와 정자의 결합)으로부터 분열을 시작하여 400조 개의 세포로 된 우리 몸을 이루는데, 세포분열은 세포의 수가 증가되는 동시에 유전물질의 복제(증식)와 세포질의 분리를 동반하는 과정을 의미한다. 세포분열은 크게 체세포 분열과 생식세포(정자와 난자) 형성에서 일어나는 감수분열로 구별할 수 있다.

체세포분열

우리 몸을 구성하는 모든 기관들을 이루는 체세포가 증식하는 방식이다.

성장을 위하여 체세포가 더 필요하거나 손상된 부분을 수선하거나 재생하는 경우에 체세포 분열이 필요하다. 사람의 체세포는 유전물질인 46개의 DNA(deoxyribo nucleic acid) 분자 혹은 조각(2n=46)을 가지고 있는데, 우선 46개의 DNA 분자의 복제가 선행하여 92개의 DNA 분자(4n)로 증식하여 두 배가된다. 일반적으로 DNA 분자들은 핵 안에, 핵질 속에 실처럼 느슨하게 풀어져 있어서 염색을 해도 현미경으로도 보이지 않는다. 이와 같이 느슨하게 풀어져 있는 DNA 분자들은 세포분열을 하여 딸세포로 이동할 때 손상되기 쉽다. 따라서 DNA 복제 후에는 각각의 실처럼 느슨한 DNA 분자들이 실패 역할을 하는 히스톤(Histon) 단백질에 탄탄하게 감겨 응축되어, 염색 후 현미경으로 볼 수 있게 되는데, 이들을 염색체라고 부른다. 체세포분열 시에 이와 같이 복제된 2분자의 DNA는 응축되어 2개의 염색체, 즉 2개의 자매염색분체가 되고, 각 자매염색분체는 중기판에 나열한 후 손상되지 않고 분열하는 딸세포로 안전하게 분리되어 이동한다. 1개의 염색체 혹은 1개의 염색분체 속에는 1개의 새로 복제된 DNA 분자를 포함하고 있다(그림 5-1, 그림 5-2).

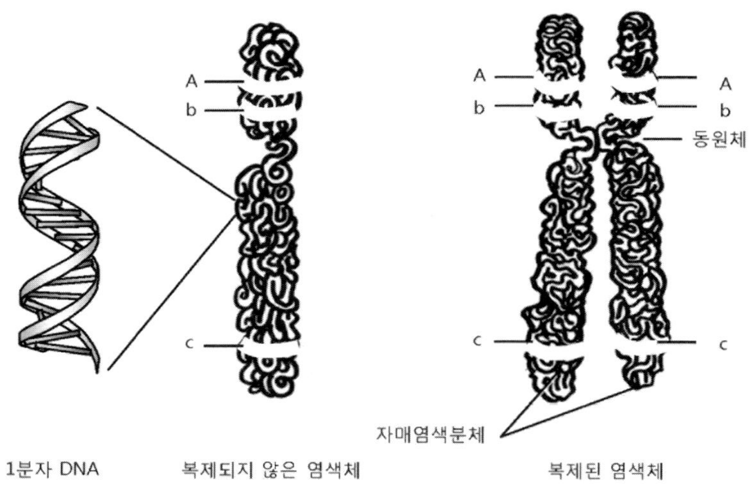

그림 5-1. DNA 분자와 염색체

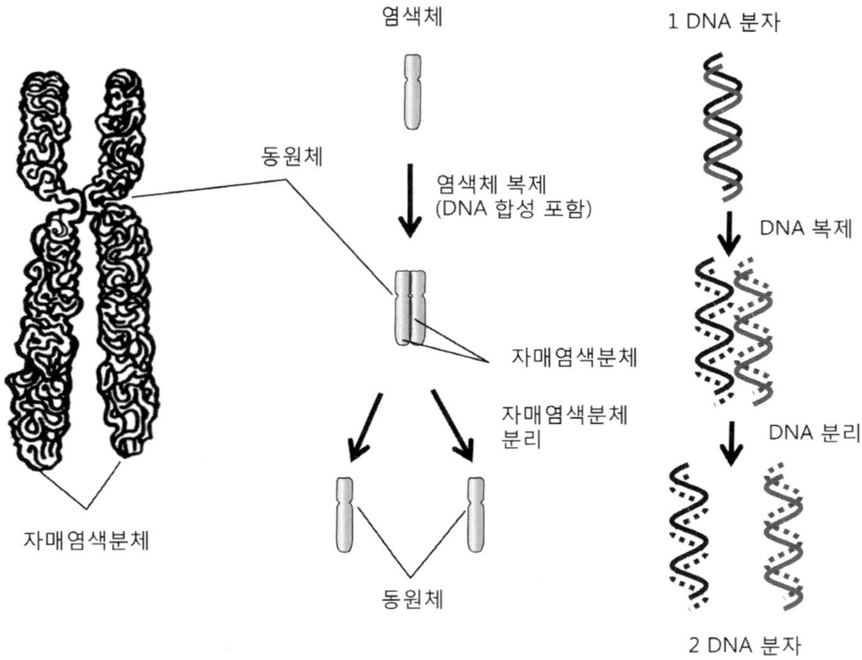

그림 5-2. 염색체 증식과 DNA 복제

인간염색체의 핵형

사람의 체세포에서는 46개 염색체가 관찰되는데 염색체의 길이(크기), 염색 모양새, 동원체(자매 염색분체 사이의 결합점)의 위치 등을 기준으로 서로 비교하여 관찰해 보면 길이, 염색 모양새와 동원체의 위치가 같은 22개 염색체 쌍과 크기가 다른 한 쌍의 성염색체로 나열할 수 있다. 이를 핵형(karyotype)이라고 부른다(그림 5-3). 각각의 염색체 쌍 중 하나는 아버지로부터, 다른 하나는 어머니로부터 물려받아서, 대단히 유사한 DNA 분자를 포함하고 있어, 이를 상동염색체라고 한다. 그림 5-4의 부모 세포에서 1번 염색체와 2번 염색체, 3번 염색체와 4번 염색체, 5번 염색체와 6번 염색체, 그리고 7번 염색체와 8번 염색체등이 상동염색체들이다.

1개의 체세포가 2개의 체세포로 분열할 때 8(46)개 염색체(2n)도 각각 두

배로 복제 하여 2개의 자매염색 분체를 포함한 복제된 4n염색체(8x2=16, 46x2=92)가 된다. 그림 5-4에서 체세포분열인 경우에 복제된 자매 염색분체가 중기판 중앙에 나열 하는데 8(46)개의 자매 염색분체가 딸세포로 분리가 일어나서 결국 8(46)개의 염색체를 가지는 2개의 딸세포로 증식된다. 자손은 부모로부터 염색체를 물려받아 유전자를 전달받게 된다(그림 5-4).

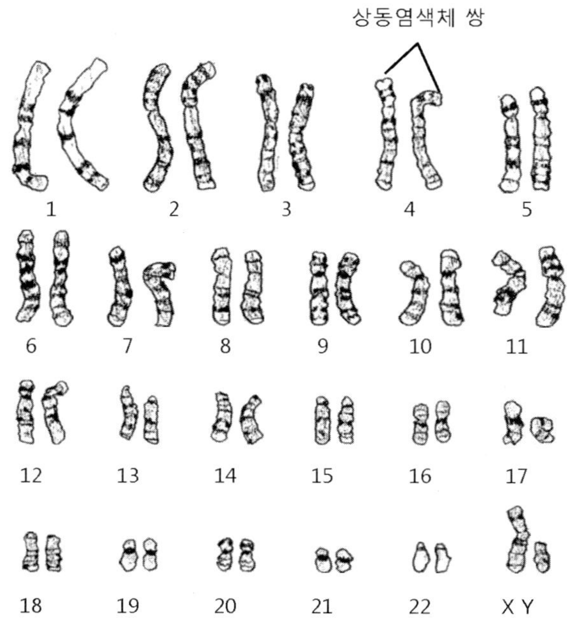

그림 5-3. 인간 염색체의 핵형

감수분열

생식소에서 생식세포 즉 정자 및 난자의 형성과정에서 체세포가 분열할 때 일어나는 과정을 감수분열이라 한다. 사람의 경우, 생식세포 형성 시 46개 염색체(2n)가 복제되어 2개의 자매 염색분체를 포함하는 복제된 염색체(4n)로 된 후 제 1 감수분열과 제 2 감수분열을 통하여 4개의 생식세포(n)

를 생산한다. 즉, 제 1 감수분열 과정에서는 복제된 상동염색체가 쌍을 이루어 분열 세포 중앙에 나열 하는데 그림 5-4에서 보면 4(23)개의 상동 염색체쌍이 중기판 중앙에 정렬한 후 딸세포로 상동염색체가 헤어져 분리되는 과정이다. 쌍을 이룬 복제된 상동염색체가 같은 딸세포로 함께 가지 않고 반드시 분열하는 반대되는 딸세포로 각기 분리된다. 제 1 감수분열에서는 복제된 상동 염색체 쌍(4n)에서 8(46)개 염색체(2n) 로 감수가 일어나고 제 2 감수분열에서는 8(46)개 복제된 상동 염색체(2n)가 분열 세포 중앙에 나열한 후 각 자매 염색분체는 각각의 생식 세포로 분리된다. 따라서 염색체 수는 8(46) 개 (2n)에서 4(23)개(n)로 감수가 일어나, 4(23)개 염색체를 가진 4개의 생식세포 (n)를 생산하게 된다(그림 5-4). 감수분열 과정의 전기와 중기에서 복제된 상동염색체가 쌍을 이룰 때 자매 염색분체 사이에 염색체 일부를 교환 한다거나, 일부 염색체가 앞과 뒤가 바뀌 붙는다든가 혹은 염색체 일부가 상실되거나 중복되어 염색체 구조에 큰 변이를 초래 한다(그림 11-3, 11-4, 11-5)

생식세포의 형성

남성의 고환에서 정자가 생산되고, 여성의 난소에서는 난자가 형성되는데, 이들 세포를 생식 세포라 한다. 정자세포는 아버지로부터 23개의 DNA 분자 혹은 염색체(n=23)를 물려받고, 난자세포는 어머니로부터 23개의 DNA 분자 혹은 염색체(n=23)를 물려받아서 생식세포가 가지는 DNA 분자나 염색체수가 체세포의 46개 DNA 분자나 염색체 수의 절반이다(그림 5-4). 이들 생식세포는 잠시는 살 수 있으나 영구히 생명을 유지할 수 없고 완전한 성체의 사람이 될 수 없다. 이들 생식세포인 정자와 난자는 수정을 통하여 완전한 한 개의 수정세포가 되어 46개의 염색체를 가지며 수많은 분열과 분화와 발생과정을 거쳐 성체로 된다.

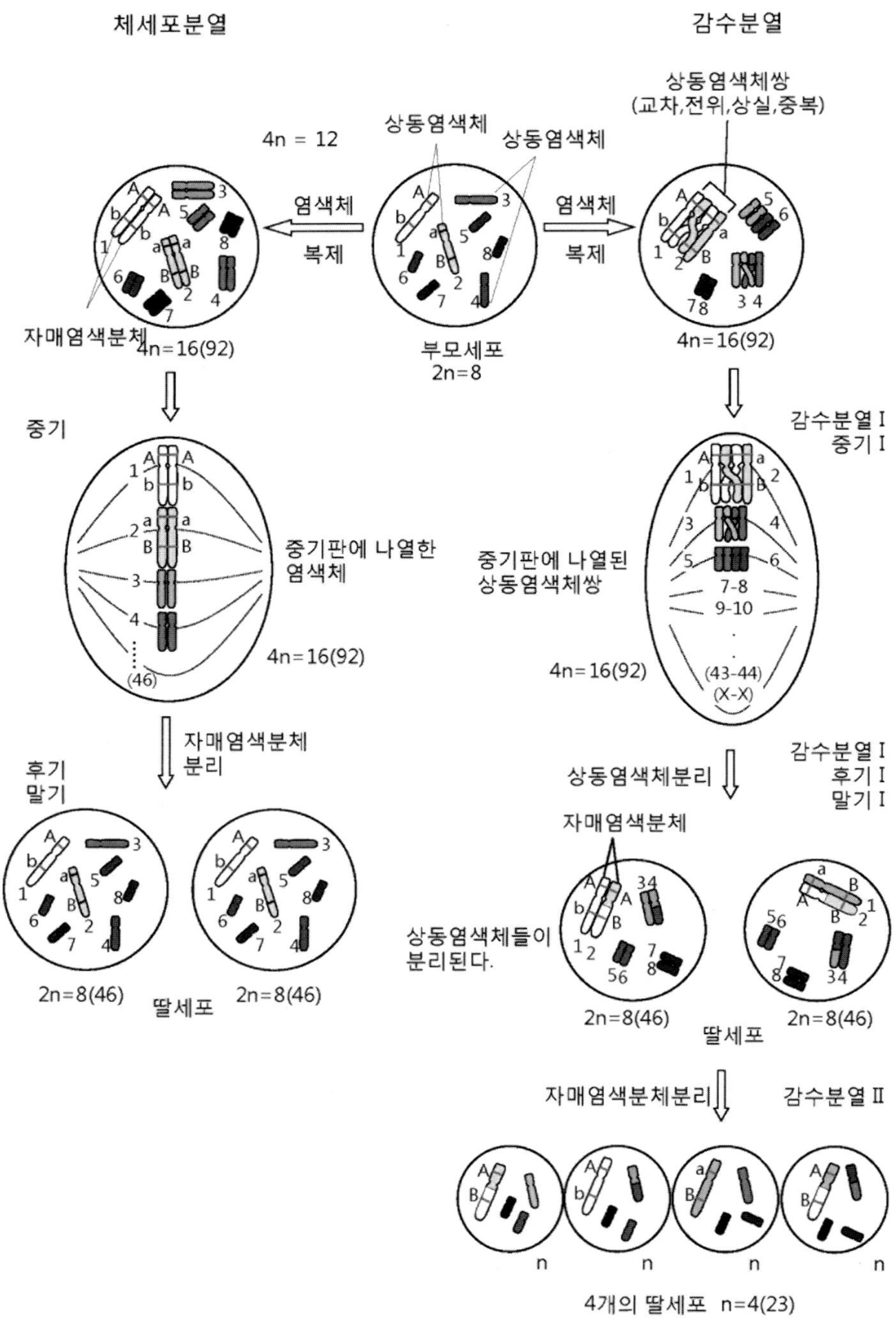

그림 5-4. 체세포 분열과 감수분열의 비교. ( )는 사람의 염색체 수

(Tip) 암이란?

암은 비정상적인 체세포분열로 인하여 생긴 병이라고 생각된다. 정상적인 세포분열은 조직이 더 많은 세포를 필요로 할 때 일어나도록 조절되며, 각 조직을 이루는 조직세포는 조직의 종류에 따라 다르지만 평균분열회수(40 - 50회)를 가지고 있다. 암세포는 이러한 조절을 받지 않고, 평균분열횟수를 무시하고 계속해서 분열하는 세포이다. 이같이 조절을 벗어나 분열을 계속 하게 되면, 특별한 기능이 없는 세포 덩어리가 생기는데, 이를 종양이라고 한다. 종양에는 아무런 기능 없이, 주위 조직에는 영향을 끼치지 않고 한곳에만 머물러 있는 양성종양이 있는 반면, 다른 주위 조직에 침투하여 그 조직을 파괴하고 암 덩어리를 만드는 악성종양이 있다. 이 악성종양이 곧 암이며, 암세포는 주위 다른 조직으로 침투할 수도 있고, 혈관이나 림프계를 통하여 멀리 떨어져있는 다른 기관으로 이동한 후 새로운 암을 유발할 수 있는데, 이 과정을 암 전이라고 한다. 암 주위에 있는 실핏줄로부터 암 세포가 림프액 속으로 빠져 나오고 림프절에서 여과되는데, 의사들은 암 주위에 있는 림프절을 떼어내 암세포의 존재를 확인하여 암 전이 상태를 확인할 수 있다. 암세포가 정상세포와 다른 점은 조절을 벗어나 통제할 수 없이 계속 분열하며, 주위 다른 조직을 침범할 수 있고, 몸 안의 다른 기관으로 이동한 후 암을 유발할 수 있다.

(Tip) 암의 유발요인 - 외부적 요인

암을 유발하는 요인은 여러 가지 있다. 외부적으로는 자외선, X-선, γ-선과 같은 방사선 조사, 흡연, 저 섬유질 음식, 고지방 음식, 석면, 그리고 각종 음식이나 공기와 함께 흡입되는 화학 물질 즉 발암 물질들이 있다. 대부분의 간암은 간염 바이러스의 감염으로 유발된다. 또한 여성의 자궁경부암의 경우, 인유두종 바이러스가 질을 통하여 감염하여 유발되는 암이다.

표 5-1. 암의 종류와 위험인자

암의 위치	위험인자	발견
고환 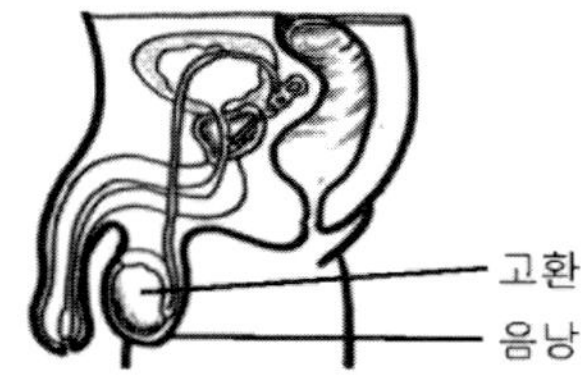	▪ 비정상적인 고환발달	▪ 혹이나 외형의 변화검사
전립선 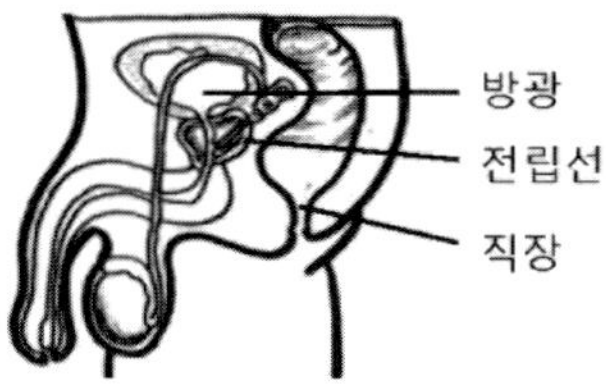	▪ 흡연 ▪ 노화 ▪ 고지방, 저섬유 식사	▪ 피검사를 통한 전립선 특이항원(PSA)의 증가 수치 확인
난소 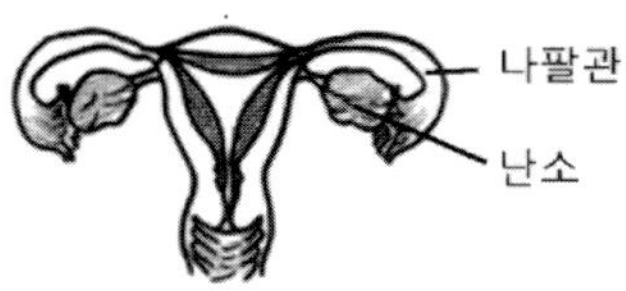	▪ 흡연 ▪ BRCA2 유전자의 변이 ▪ 노화	▪ 피검사를 통한 CA125 증가수치 확인
유방 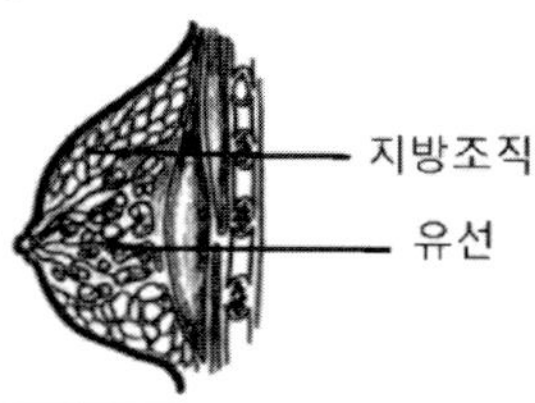	▪ 흡연 ▪ BRCA1 유전자의 변이 ▪ 고지방, 저섬유 식사	▪ 유방 X-선 사진 촬영
자궁경부 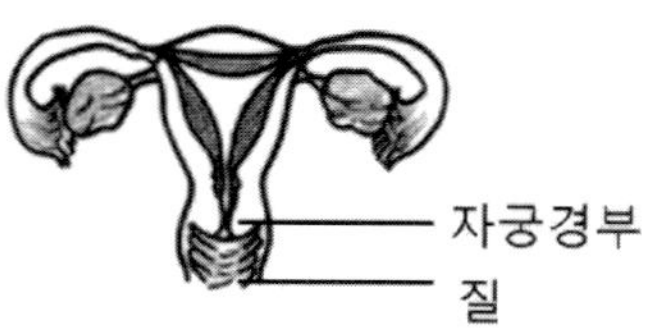	▪ 흡연 ▪ 성 접촉에 의해 감염되는 HPV(인유두종바이러스)의 감염	▪ 연 1회 자궁경부 세포검사로 확인

(Tip) 암의 유발요인 - 내부적 요인

우리 몸에는 세포분열을 조절하는 정상적인 유전자가 있는데 이를 원 종양 유전자라고 하고, 여러 염색체에 흩어져 있다. 이들 원 종양 유전자에 돌연변이가 일어나서 암이 유발되는데, 그 변이된 유전자를 종양 유전자라고 한다. 종양 유전자는 세포 내 환경에 관계없이 무조건 세포 분열을 촉진시켜 암을 유발한다. 또한, 정상적인 유전자로서 종양 억제 유전자가 있는데, 세포분열을 억제하여 암이 생기는 것을 막아 준다. 종양 억제 유전자에 변이가 생기면, 암 유발을 막지 못한다. 다시 말하면 암이 생기는 요인은 발암물질이나 돌연변이 유발 물질의 섭취, 바이러스의 감염과 정상 유전자의 변이 등이다. 위에서 열거한 발암물질들의 섭취, 방사선 조사와 바이러스 감염 등은 궁극적으로 세포 내 존재하는 세포 분열을 조절하는 정상 유전자의 변이를 일으켜 암을 유발한다. 특이한 암의 종류와 위험인자는 표 5-1에 설명한다.

(Tip) 백혈병이란?

골수와 같은 피를 만드는 기관에 생기는 암의 한 종류로서 백혈구의 수가 비정상적으로 증가하는 혈액 암이다.

제 6장 수정과 세포분화 - 인간의 탄생은 수정으로부터 시작 - 인간발생은 세포분열과 세포분화의 결과

사람은 외견상으로 머리, 몸통, 팔, 다리 등으로 구분되어 있으며, 머리에 있는 눈, 코, 입, 귀 등은 각기 다른 기능을 가지고 있다. 또한 우리 몸 내부에는 심장, 허파, 간, 신장과 뇌 등 각 기관은 독특한 기능을 수행하면서 사람의 모습과 기능을 나타낸다. 사람의 모든 외부기관이나 내부기관들은 궁극적으로 아버지로부터 물려받은 유전정보를 가진 정자와 어머니의 유전정보를 가진 난자가 수정되어 한 개의 배아세포가 되고, 수많은 분열을 통하여 400조 개 세포로 구성된 성체가 되면서 형성된 것이다. 이는 우리 몸을 이루는 모든 기관들은 나타내는 기능은 다르나, 가지고 있는 유전정보는 한 개의 수정란으로 부터 유래하였기 때문에 동일하다고 생각된다. 그러면 같은 유전정보를 가지고 있는 기관세포들이 어떻게 각기 다른 기능을 나타낼까?

사람인 경우에 아버지로부터 물려받은 유전물질, 23개의 염색체(n=23)를 가진 정자와 어머니로부터 물려받은 유전물질, 23개의 염색체(n=23)를 가진 난자가 결합하여 하나의 완전한 수정란(배우자, 2n=46)이 형성되고 수많은 체세포 분열을 동반한 발생 과정을 거쳐서 완전한 성체가 되는데, 발생과정에서 분열된 체세포는 조직과 기관을 이루면서 특별한 기능과 모습을 가진 세포로 분화된다.

수정

자연 상태에서 수정은 어머니의 자궁에서 이루어지는데, 한 개의 정자가 난자에 도달하게 되면 정자의 핵만 난자 속으로 삽입하게 된다. 따라서 정자의 미토콘드리아는 난자 속으로 들어가지 못하여, 수정란은 아버지의 23개 DNA 분자, 혹은 염색체(n=23)만 받아서 체세포처럼 유전물질은 2n=46개 DNA 분자 혹은 염색체를 가지게 되고, 난자에 있던 미토콘드리아만 포함된 완전한 수정세포가 탄생 하게 된다. 이 때문에 미토콘드리아 DNA(mtDNA)의 고유한 염기서열을 분석하여 모계 계통과의 유연관계를 규명할 수 있다.

세포분화

사람은 216 종류의 세포가 총 400조 개의 세포로 구성되어 있는데, 이와 같이 우리 몸을 이루는 세포를 체세포라고 한다. 사람의 몸은 같은 기능을 가진 체세포가 모여 조직을 이루고, 같은 기능을 가진 조직 세포들이 모여 특별한 기능을 나타내는 기관이 되고, 기관들이 합쳐져서 완전한 사람이 된다. 예를 들면 판단, 기억 등의 기능을 가진 뇌세포가 모여 뇌 조직이 되고, 뇌 조직 세포가 모여 뇌 기관을 이룬다. 심장, 허파, 소화기관, 신장, 혈액기관 등이 모여 사람이 된다.

우리 몸을 이루는 체세포는 아버지로부터 23개의 DNA 분자 혹은 염색체, 어머니로부터 23개의 DNA 분자 혹은 염색체를 각기 물려받아, 46개의 DNA 분자 혹은 염색체(2n=46)을 가지고 있어, 모든 체세포는 같은 유전정보를 가지고 있으나 조직세포에 따라서 각각 다른 기능을 나타낸다. 그러면 어떻게 같은 유전정보를 가진 한 개의 수정란으로부터 분열하여 조직세포에 따라서 모양과 기능이 다른 세포로 분화가 일어날까?

세포분화는 세포가 발생과정에서 특별한 구조나 기능을 나타내도록 특수화 되는 현상이다. 예를 들면, 세포가 뇌세포나 근육세포와 같이 특별한 구조와 기능을 갖는 세포로 결정되는 현상이다. 생각해보자! 우리 몸은 한 개의 작은 세포, 수정란부터 시작해서 분화와 발생과정을 거쳐 다양한 구조(팔, 다리, 머리)와 기관들(심장, 신장, 뇌 등)을 가진 복잡한 모습을 갖는다. 그런데 유전 정보 면에서 보면, 우리 몸을 구성하는 모든 체세포는 아버지와 어머니로부터 물려받은 완전히 같은 유전물질을 가지고 있다. 수정란 세포가 첫 체세포 분열 이후, 생겨난 딸 체세포들이 뇌세포, 간세포, 표피세포, 근육세포, 심장세포 등 다양한 세포로 분화된다. 이들 세포들은 모양도 다르고 기능도 다르다. 이 사실은 각각의 체세포가 각기 다른 모양과 다른 기능을 나타내도록 분화되는 것은 체세포가 가지고 있는 총 유전정보(유전자) 때문이 아니라 그 중에서 특정한 기능을 나타내기 위하여 필요한 유전정보(유전자)를 언제, 어떻게 활성화 시키느냐에 달려있다. 따라서 분화된 세포는 어느 발생 시기에, 특화된 기능을 나타내는데 필요한 유전자군만 활동하도록 하는 유전자 발현 조절의 결과로 생각된다. 따라서 각각 다르게 분화된 세포는 각기 다른 활동 유전자 군을 가지고 있다. 또한 자연 상태에서는 일단 분화된 세포는 원래 분화되지 않은 세포로 되돌아 갈 수 없으며, 또한 다른 기능을 가진 세포로 분화 될 수 없다.

(Tip) 배아, 태아와 발생이란?

사람의 경우에는 정자(n=23)와 난자(n=23)가 수정이 된 후에는 한 개의 완전한 배아세포 즉 수정란(2n=46)이 형성된다. 이 작은 배아세포는 수많은 체세포 분열을 통하여 커다란 세포덩어리를 형성하는데 신체의 형태가 나타나기 전까지의 발생단계에 있는 것을 배아라 하고(수정 후 2주~8주), 신체의 형태가 나타나기 시작한 후부터는 태아라고 부른다. 이같이 배아세포부터 우리의 몸체를 만드는 다양한 점진적인 변화를 발생이라고 한다.

(Tip) 남과 여, 성의 결정은?

남과 여, 성을 결정하는데 관여하는 염색체를 성염색체라고 한다. 사람의 체세포에는 사람의 모습과 기능을 결정하는 22쌍의 상동염색체가 있는데 이를 상염색체라고 한다. 나머지 한 쌍의 염색체가 성을 결정하는 성염색체로서, 여성은 크기가 같은 X 염색체 쌍(X+X)을 가지고, 남성은 크기가 큰 X 염색체와 크기가 훨씬 작은 Y 염색체(X+Y)를 가진다. 따라서 난자는 X 염색체만 가진 한 종류만 형성되고, 정자인 경우, X 염색체만 가진 정자나 혹은 Y 염색체만 가진 정자, 2 종류의 정자를 생산한다. 만약에 Y 성염색체를 가진 정자가 수정에 성공하면 아들(X+Y)이 태어나고, X 성염색체만 가진 정자가 수정하게 되면 딸(X+X)을 낳게 된다(그림 6-1). 실제로 사람의 성염색체 X와 Y의 현미경사진을 보면 염색체 크기의 차이를 볼 수 있다(그림 6-2).

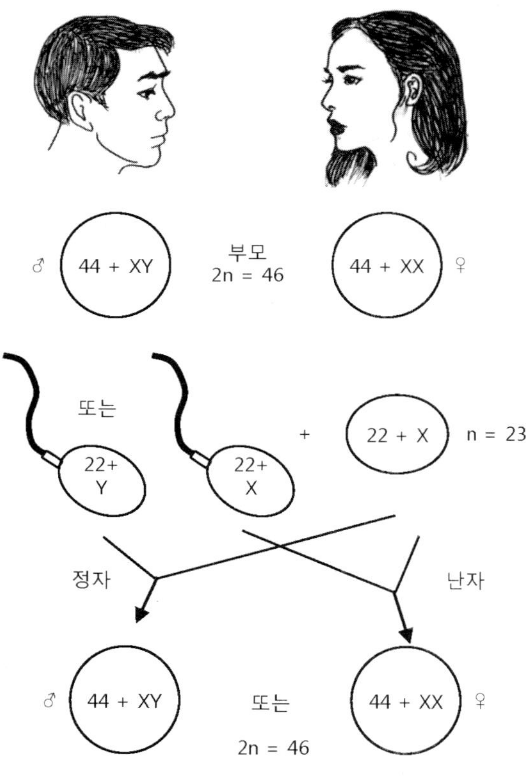

그림 6-1. 성의 결정

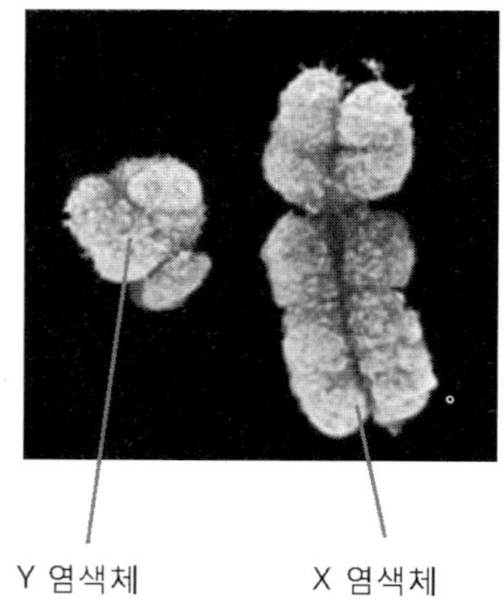

그림 6-2. 인간의 성염색체

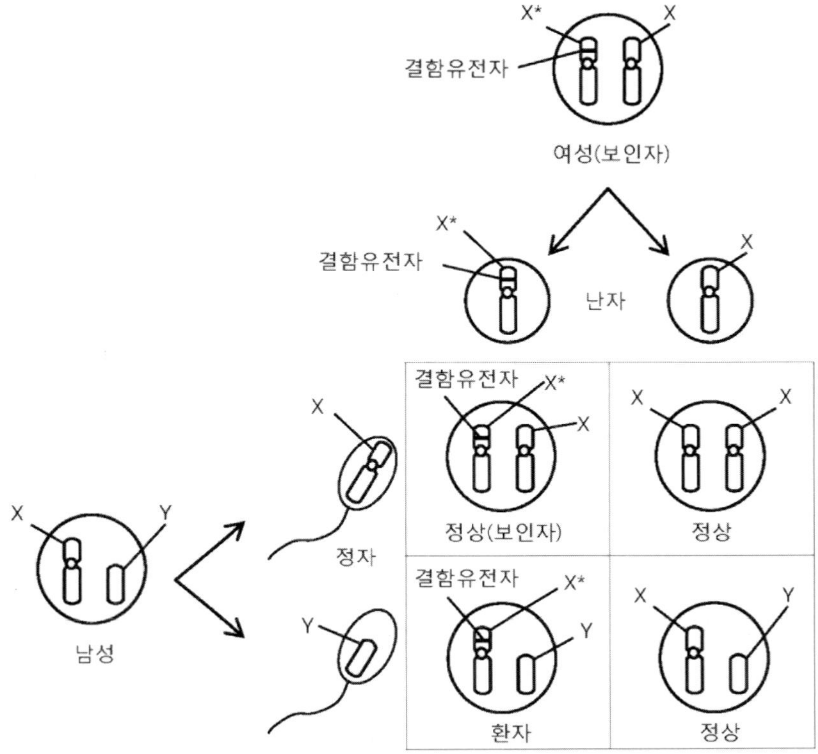

그림 6-3. 성염색체와 연관된 유전병

(Tip) 성염색체에 연관된 유전병 - 색맹과 혈우병

성염색체와 연관된 선천적인 유전병으로 색맹과 혈우병이 있는데 색맹인 경우는 색깔을 보지 못하는 경우이고 혈우병은 사고로 인한 상처가 나거나 우리 몸 속(내장)에 상처로 피가 나오게 되면 응고하지 않고 계속하여 출혈하는 병이다. 색맹이나 혈우병에 관련된 유전자들은 성염색체인 X 염색체에 존재하는 유전자의 결함에 의하여 일어난다. 만약에 정상인 남성(XY)과 정상으로 보이나 결함 유전자를 가진 보인자(XX*) 사이에 태어난 자손의 형질을 보면 보인자인 여성은 건전한 유전자 X를 가진 난자와 결함 유전자(X*)를 가진 난자, 두 종류의 난자를 생산하고 정상적인 남성(XY)은 건전한 유전자(X)를 가진 정자와 건전한 Y유전자를 가진 정자를 생산한다. 색맹이나 혈우병은 열성 유전자에 기인하기 때문에 자손들 중에서 오직 아들(XY) 에서만 유전병이 발생한다(그림 6-3).

(Tip) 일란성 쌍생아와 이란성 쌍생아

일란성 쌍생아의 출생을 보면 한 개의 난자와 한 개의 정자가 수정된 후 배아 발생 초기에 두 개의 배아로 발생하여 쌍생아로 태어나고, 하나의 같은 유전 물질을 정자와 난자로부터 물려받아서 똑같은 유전 물질을 가지고 있기 때문에 똑 닮은 모습을 나타내며 같은 성을 가진 아이를 낳는다(그림 6-4a).

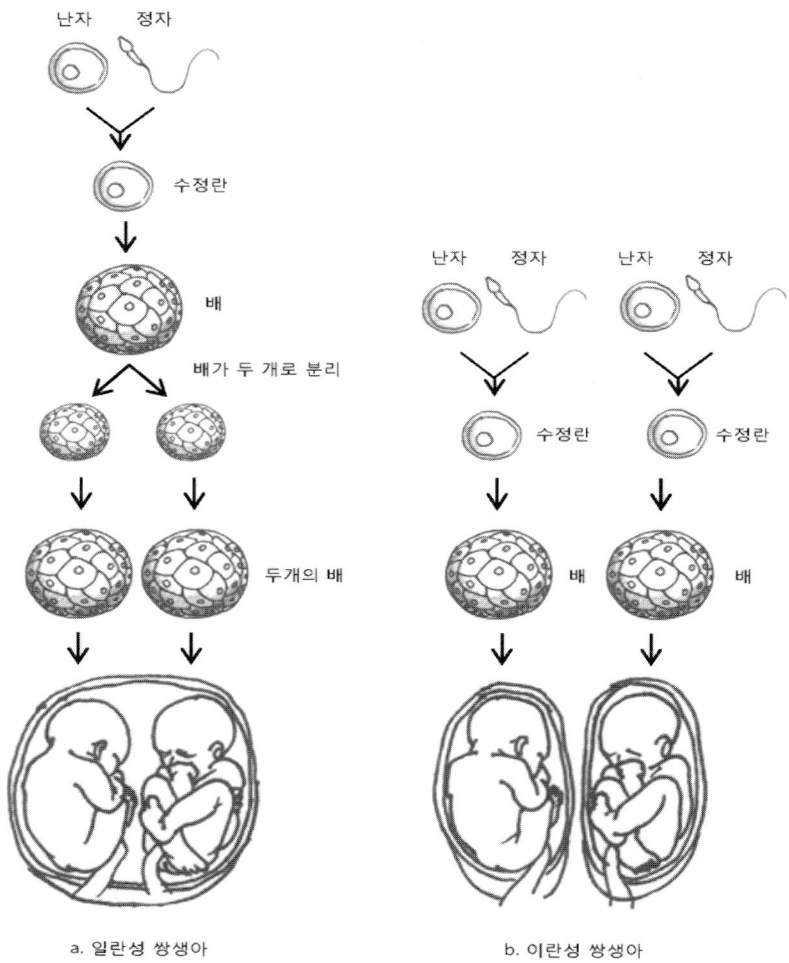

그림 6-4. 쌍생아의 형성. 이란성 쌍생아는 두 개의 난자가 각각 다른 정자를 만나서 수정되어 탄생한다. 두 아기는 유전적으로 50% 정도만 일치한다. 일란성 쌍생아는 한 개의 난자와 한 개의 정자가 수정된 후 초기 배아가 둘로 분리돼서 만들어진다. 두 아기는 유전적으로 100% 동일하다.

이란성 쌍생아인 경우는 처음부터 두 개의 각각 다른 난자와 각기 다른 정자가 거의 동시에 수정된 후, 두 개의 수정란이 배아 발생을 거처 쌍생아로 태어나기 때문에 서로 좀 다른 난자와 정자로부터 유전물질을 받아서 모습도 똑같지 않고 성별도 서로 다를 수 있다(그림 6-4b). 이와 같은 현상은 동일한 사람으로부터 형성된 정자나 난자라 하더라도 생식세포 형성과정에서 똑같은 유전자들에서 부터 많은 변이가 일어난 유전자들을 포함한다는 것을 보여 준다.

(Tip) 줄기세포란?

줄기세포는 우리 몸의 어떤 기관이 될지 결정되지 않았으나 앞으로 어떤 장기로도 형성될 능력을 가진 만능 세포이다. 즉, 혈액세포, 신경세포, 뼈세포, 심장세포 등 여러 가지 다른 조직 세포로 분화 될 수 있다. 줄기세포는 개체 발생 과정에서 채취시기에 따라 성체 줄기세포와 배아 줄기세포로 나눌 수 있다.

(Tip) 성체 줄기세포

성체 줄기세포는 성인이 된 우리 몸의 특정 조직인 골수, 지방세포나 태반 및 탯줄에 존재하는데 골수에 존재하는 줄기세포를 조혈모세포라고 하며 각종 혈액 세포(적혈구, 백혈구)로 분화 된다. 태반 및 탯줄에는 조혈모 세포와 간엽 줄기세포가 있는데 각종 혈액세포, 근육세포와 신경 세포로 분화 된다. 위에서 보듯이 성체 줄기세포는 분화될 수 있는 세포의 종류가 한정되어 있다. 그러나 성체 줄기세포를 채취한 환자를 치료 할 경우, 면역 거부반응이 없어 치료가 간편하다.

(Tip) 배아 줄기세포

배아 줄기세포는 수정란이 세포 분열하여 배아를 형성 할때, 발생 초기인 초기 배아세포 (수정 후 4, 5일 이내)를 특별히 말한다. 배아 줄기세포는 성체 줄기세포와 다르게 우리 몸을 구성하는 모든 조직세포로 분화가 가능한 만능 세포이다. 배아 줄기세포는 보통 인공수정 후에 남겨진 초기 배아로부터 분리된다.

(Tip) 유도만능 줄기세포, ips(induced pluripotent stem cells)

이미 분화된 체세포를 채취하여 전기충격이나 유전자 조작, 유도 물질을 처리하여 분화된 체세포를 역분화 시켜 배아 줄기세포처럼 만능 줄기세포로 유도할 수 있다. 이렇게 얻은 줄기세포를 환자에 치료하면, 면역거부 반응도 없어 치료의 장점도 있다. 일본 야마니카 교수는 쥐의 피부세포를 채취하여 몇 개의 유전자를 도입시켜 만능 줄기세포로 유도시킨 연구업적으로 2012년도 노벨 의학상을 수상하였다. 앞으로 응용실험을 통하여 임상적 치료 효과가 크게 기대된다.

(Tip) 줄기세포의 치료 이용

이들 줄기세포는 손상된 조직을 건강한 조직으로 재건하거나, 퇴행성 질환으로 기능을 잃어가는 기관을 대체하는데 이용될 수 있을 것이다. 또한, 줄기세포는 화상이나 척수손상에 의하여 손상된 조직을 수선하는데도 사용될 수 있을 것이다. 더욱이 결함유전자로 인한 유전병을 건전한 유전자를 가진 줄기세포의 주입으로 치료할 수 있을 것이다. 줄기세포의 무한한 이용 가능성이 현실화되기 위해서는 앞으로 많은 연구가 요구된다.

(Tip) 인공수정이란?

인공수정은 여성으로부터 많은 수의 난자를 채취한 후, 상대 남성의 정자와 합쳐서 배양접시에서 잘 섞어 많은 수정란을 얻고, 이 중 몇 개의 수정란만 여성의 자궁에 이식하여 착상시키는 과정이다. 나머지 수정란은 부부의 허락을 받은 후에 배양접시에서 발생을 유도하여 배아 형성 과정에서 배아줄기세포를 만들 수 있다. 그러나 배아는 장차 아기로 태어날 수 있는 생명이기 때문에, 나라마다 사정은 다르나 인공태아로부터 배아줄기세포를 얻는 것을 법으로 금하고 있다.

제 7장 유전과 유전법칙 - 인간의 유전현상 - 형질을 결정하는 요소, 유전자 - 유전자는 다음세대로 전달된다

근본은 속일 수 없다 는 뜻으로 “콩 심은 데 콩 나고 팥 심은 데 팥 난다”라는 옛말이 있다. 이 속담에는 은연중에 유전의 원리를 내포하고 있다. 또 “송아지! 송아지! 얼룩송아지! 엄마소도 얼룩소, 엄마 닮았네!”라는 동시는 유전현상을 동요로 노래한 것이다. 사람이 사람을 낳고 개가 강아지를 낳는 현상을 우리는 너무나 당연하다고 생각한다. 이 당연한 현상에는 유전의 원리가 작동 하고 있다. 사람다운 모습을 나타내는 여러 가지 특징들, 개의 특징들, 그리고 얼룩소의 얼룩무늬 등 외부로 보이는 특징이나 기억과 판단 능력 등 눈에 보이지 않는 기능적인 특성도 그 종이나 개체가 가지고 있는 형질이라고 한다. 이 같은 형질은 부모로부터 다음 자손으로 전달된다. 어떻게 부모의 형질이 다음 자손으로 전달될 수 있을까? 무엇이 형질을 만드는가? 결론적으로 우리 몸 안에 형질을 결정하는 요소가 존재하며, 그 요소는 다음 세대로 전달된다. 이 같은 사실은 약 150년 전 오스트리아 사람 멘델에 의하여 밝혀졌다.

유전현상

멘델은 완두콩을 재료로 하여 교배 실험을 하였다. 완두콩은 눈으로 쉽게 구별되는 형질들을 가지고 있다. 예로서 완두콩나무의 꽃의 색은, 보라색 아니면 흰색, 완두콩의 모양은, 둥근 모양 아니면 주름진 모양, 완두콩의 색깔

표 7-1. 완두콩 식물의 7가지 형질에 대한 멘델의 교배실험 결과

특징	우성형질	열성형질	F2 세대 우성 : 열성	비율
꽃 색깔	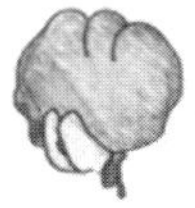 보라색	 흰색	705 : 224	3,15 : 1
종자 색깔	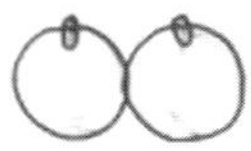 황색	 녹색	6,022 : 2,001	3,01 : 1
종자모양	 둥근 모양	 주름진 모양	5,474 : 1,850	2,96 : 1
콩깍지 모양	 부푼 모양	 수축된 모양	882 : 299	2,95 : 1
콩깍지 색깔	 녹색	 황색	428 : 152	2,82 : 1
줄기 길이	 긴 줄기	 짧은 줄기	787 : 277	2,84 : 1
꽃의 위치	 줄기마다	 줄기 끝에만	651 : 207	3,14 : 1

은, 노란색 아니면 녹색 등 쉽게 눈으로 구별되는 형질들이 있다. 멘델은 이들 형질을 이용하여 자손에서 표현되는 형질의 빈도를 조사하였다(표 7-1). 자손 완두꽃의 색을 보면, 보라색이나 혹은 흰색이다. 완두콩의 모양은 둥근 모양이나 주름진 모양이었다. 이와 같이 한 가지 특성을 나타내는 두 가지 이상의 서로 대립되는 형질을 대립형질이라고 하고 그 대립형질을 결정하는 유전자를 대립유전자라고 한다(그림 7-1). 교배실험에서 대립형질 중에 제 1 잡종 세대(교배실험에서 첫 번째 교배에서 얻은 자손, F1)에서 나타나는 형질을 우성 대립형질 이라 하고, 제 2 잡종 세대(제1 잡종 자손들 간의 교배에서 얻은 자손, F2)에서 처음으로 새롭게 출현하는 형질을 열성 대립형질이라 한다. 멘델은 총 7개 대립형질을 선택하여 교배 실험한 후, 제 1 잡종 세대와 제 2 잡종세대의 자손이 나타내는 형질의 출현빈도를 분석한 결과 유전현상에서 다음 3가지 대원칙을 발견하였다(표 7-1).

유전법칙

우열의 법칙

우성유전자와 열성유전자가 동시에 존재할 때 우성유전자가 열성유전자를 누르고 우성유전자의 형질만 나타난다. 대립형질을 가진 한 쌍의 부모(P)가 자가수분(같은 개체 내에서만 수정)하면 제 1 잡종세대(F1)에는 우성 대립형질만 나타난다. 즉 보라색의 꽃을 가진 완두콩 식물과 흰색 꽃을 가진 완두콩 식물(P)을 교배하면 보라색 꽃을 가진 완두콩 식물(F1)만 나타난다. 이때, 열성인 흰색형질이 사라진 게 아니라 나타나지 않았을 뿐이다.

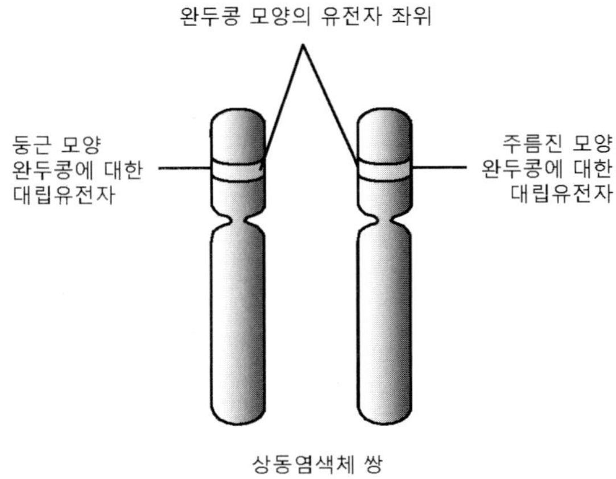

그림 7-1. 대립유전자와 대립형질

분리의 법칙

일반적으로 각 유전형질은 한 쌍의 대립유전자에 의하여 결정 되는데 한 쌍의 대립유전자를 가진 완두콩이 자라서 꽃을 피우면 암술과 수술에 각각 생식세포가 만들어진다. 이때, 쌍을 이룬 대립 유전자는 감수분열 할 때 각 생식세포로 분리되서 들어간다. 어떤 생식세포에는 우성 대립유전자가, 어떤 생식세포에는 열성대립유전자가 들어간다는 것이다. 이렇게 생식세포를 만들 때 대립유전자가 각 생식세포에 나뉘어서 들어간다는 것이 분리의 법칙이다. 생식세포가 한 쪽의 대립유전자를 가질 확률은 50% 이다.

독립의 법칙

대립형질을 나타내는 대립유전자들은 서로 영향을 주지 않고 독립해서 자손으로 전달된다. 두 쌍 이상의 대립형질을 가진 부모를 자가수분 시키면, 각각의 대립형질들은 서로 영향을 주지 않고, 독립적으로 우열과 분리의 법칙에 따라 출현한다. 즉, 완두콩 노란색, 둥근 모양과 녹색, 주름모양을 가진 완두콩 나무(P)를 자가 수분시키면, 잡종 제 1세대(F1) 에서는 노란색, 둥근 모양의 우성 대립형질이 나타나고, 다시 제 1잡종 세대를 자가 수

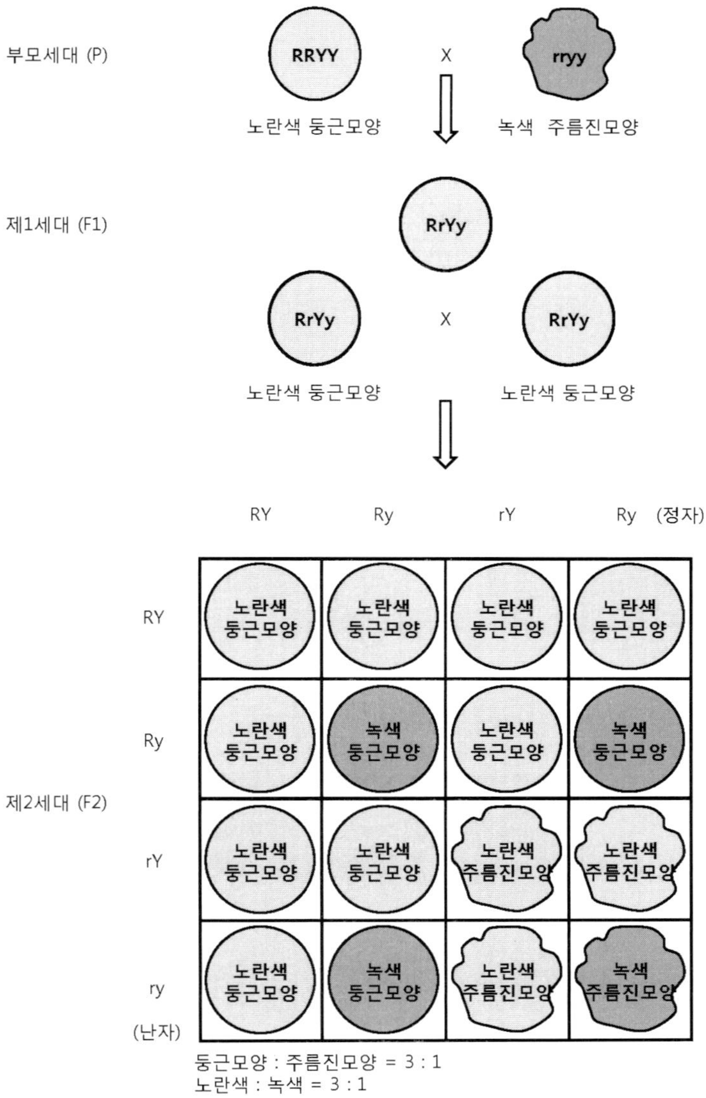

그림 7-2. 대립 유전자의 독립적 분리

분시키면, 제 2잡종 세대(F2)에는 노란색 콩 : 녹색 콩=3:1, 둥근 모양 : 주름 모양 = 3:1 비율로 분리된다(그림 7-2). 이 실험결과는 각각의 대립형질들을 결정하는 요소들은 서로 겹쳐있거나 섞여 있지 않고, 각기 특유의 공간을 차지하고, 서로 영향을 주지 않고 독립적으로 다음 세대로 전달된다는 것을 뜻한다.

멘델은 형질을 결정하고 다음 세대로 전달되는 요소가 우리 몸 속에 실제로 존재하는 실체라는 것을 증명하였으나 그 요소가 어떤 물질로 되어 있는지, 세포 내 어디에 존재 하는지에 대해서는 밝히지 못하였다. 그러나 근대 생물학에서는 멘델의 요소는 바로 유전자이며 대립형질을 결정하는 요소들은 하나는 아버지로부터 다른 하나는 어머니로부터 전달받은 대립유전자로 대용할 수 있다(그림 7-1). 또한, 한 유전자가 다른 유전자의 작용을 못하게 하면, 못하게 하는 유전자는 우성 유전자이다. 더욱 나아가서, 유전자의 본체는 DNA이며 핵 속에 존재 한다는 것이 알려졌다. 유전자는 세포 분열 시에 특정한 염색체의 특정한 부위에 위치한다는 것도 밝혀졌다(그림 7-3). 특수한 유전자를 볼 수 있게 하는 형광 염색약을 염색체에 결합시켜 특정 유전자의 위치를 관찰 할 수 있다. 염색체가 이미 복제되었기 때문에 자매 염색분체에 복제된 한 쌍의 (2개의) 유전자를 볼 수 있다.

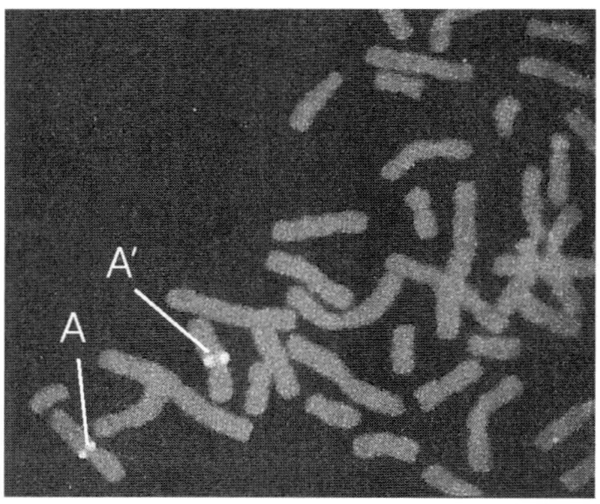

그림 7-3. 사람의 복제된 염색체상의 특정 장소에 위치한 유전자 쌍
A와 A′는 복제된 상동염색체 쌍

보편적 유전법칙

멘델이 발견한 유전법칙은 사람을 포함하여 모든 생물에 적용 되는 보편적 원칙인데, 사람의 형질을 예를 들어 설명해보면 첫 번째 원칙은 사람의 유전자는 한 쌍으로 존재 하는데 염색체도 쌍으로 존재한다(그립7-3). 사람의 세포는 46개의 염색체를 가지는데 이때 사람의 핵형을 보면 22개의 염색체 쌍과 크기가 다른 한 쌍의 성염색체를 볼 수 있다(그림 5-3). 이 경우 크기가 같은 한 쌍의 X-염색체를 가지면 여성이 되고, 크기가 큰 X-염색체와 크기가 작은 Y 염색체가 한 쌍 일 때는 남성이 된다. 성 염색체를 제외한 22쌍의 각 염색체 쌍을 상동염색체라고 하는데, 이는 각 쌍의 염색체는 구조가 같고 염색체를 구성하는 일차적인 DNA 염기서열이 거의 같아서 같은 유전자를 내포하고 있어 한 쌍의 유전자들을 가지고 있는 셈이다. 이와 같은 한 쌍의 유전자를 대립유전자(형질) 라고 한다. 상동염색체는 하나는 아버지로부터 다른 하나는 어머니로부터 물려받아서 총 46개의 염색체를 갖게 된다. 사람의 생식세포 형성과정에서 난자는 23개 염색체를 가져서 1 벌의 유전자를 가지게 되고 정자세포는 또 다른 23개 염색체를 가지고 있어 또 다른 1 벌의 유전자를 가진다. 정자와 난자의 수정에 의하여 한 개의 배아세포가 형성되면서 46개의 염색체를 가진 완전한 사람세포가 된다. 식물에서 완두콩의 색인 노란색과 녹색 형질은 대립형질이며 그 형질을 결정하는 대립유전자는 상동염색체 위에 존재한다(그림 7-1). 사람의 상동염색체에 있는 한 쌍의 유전자는 일반적으로 정상적인 기능을 가진다. 한 쌍의 유전자 중에 하나의 유전자에 돌연변이가 일어나서 결함이 생겨 기능을 상실하더라도 다른 하나의 유전자가 건전한 기능을 나타내어 정상적인 기능을 보인다. 이와 같이 건전한 유전자와 결함유전자를 한 쌍 보유하고 있는 경우를 보인자라고 한다. 대부분의 신진대사 결함으로 발생하는 유전병은 열성인데 한 개의 건전한 유전자가 제공하는 효소가 정상적인 대사를 수행하는데 충분하기 때문이다. 결함형질을 나타내기 위해서는 한 쌍의 유전자가 동시에 결함을 가져야만 한다. 예를 들어 살펴보면, 페닐케토뇨증은 사람의 12번 염색체에 있는 유전자(PAH)의 결함으로 일어나는 페닐케토뇨증은 아미노산인 페닐알라닌을 분해하는 페닐알라닌 수산화효소의 결핍으로 혈액내 페닐알라닌이 많이 쌓이고 궁극적으로 중추신경의 정상적인 발달을 방해하여 저능아가 된다. 이때 페닐알라닌 수산화 효소를 제공하는 유전자를 PAH+라고, 효소를 만들지 못 하는 돌연변이 유전자를 pah-로 규정하면, 보인자인 어머니(PAH+, pah-)와 보인자, 아버지(PAH+, pah-) 사이에 태어나는 아이들의 가능한 유전자 구성과 표현형질을 살펴보면

어머니(PAH+, pah-)	아버지(PAH+, pah-)	표현형(유전자형)
PAH+	PAH+	정상(PAH+, PAH+)
pah-	PAH+	정상(pah- ,PAH+), 보인자
PAH+	pah-	정상(PAH+, pah-), 보안자
pah-	pah-	환자(pah-, pah-)

위의 표에서 보면 태어나는 아이들의 가능한 4 가지 유전자 조합에서 건강한 아이와 환자 아이가 3:1로 태어날 수 있는 확률을 보여주고 있다. 그러나 정상의 아이들 중에 2/3가 결함유전자를 가진 보인자임을 알 수 있다. 유전의 두 번째 원칙은 한 쌍의 유전자는 정자와 난자에 독립적으로 배분된다는 것이다. 즉 정자나 난자에 있는 어느 특정한 유전자는 아버지나 어머니로부터 똑 같은 확률로 전달된다. 난자나 정자와 같이 생식세포 형성과정에서 어느 특정한 유전자가 다른 유전자를 잡아끌거나 혹은 서로 밀쳐서 같이 가거나 혹은 서로 헤어져 분리되지 않고 서로 독립적으로 같은 확률로 난자나 정자로 분리된다. 이는 완두콩의 색깔이 노란색 아니면 녹색을 나타내는 대립유전자와 완두콩의 모양이 둥근 모양 아니면 주름진 모양을 나타내는 대립유전자들은 서로 독립적으로 분리되는 현상과 같다. 예외로 특정한 유전자들이 만약에 같은 염색체에 나열되어 있으면(유전학에서는 두 유전자는 연관되어 있다고 함) 높은 확률로 함께 같은 세포로 분배 된다. 이는

마치 특정한 곳을 목표로 하는 배를 함께 타면 같은 곳으로 갈 가능성이 큰 것과 비슷하다.

(Tip) 자가수분이란?

완두콩 나무 식물의 교배에서 나비와 벌에 의한 수정교배를 저지하고, 순수혈통을 유지하기 위하여 인위적으로 같은 나무의 암술과 수술에 의한 교배가 일어나도록 유도하는 행위를 뜻한다.

(Tip) 유전자형과 표현형

위에서 멘델이 수행한 교배실험에서, 대립형질의 하나인, 완두콩의 색을 예로 들면, 우성인 노란색 형질을 결정하는 유전자를 Y라 하고, 열성인 녹색형질을 결정하는 유전자를 y라 하면 자가 수정 후 제 1세대 잡종(F1)의 완두콩 색은 노란색일 것이다. 이 경우, 노란색을 표현형이라 부르고, 외부로 나타나는 형질을 말한다. 유전자형을 보면, 우성인 노란색유전자 YY와 열성인 녹색유전자 yy를 가진 완두콩나무를 자가수분 하여 제 1세대잡종(F1)의 유전자 구성은 Yy이다. 따라서, 노란색을 나타내는 대립형질의 유전자형은 YY 와 Yy라고 할 수 있다. Y인 우성유전자와 y인 열성유전자가 동시에 존재하면 열성 유전자는 그 형질을 나타내지 못한다.

(Tip) 사람의 혈액형

일반적으로 한 개의 형질을 결정하는 유전자는 두 개의 대립유전자가 관여한다. 그러나 소수의 형질은 복수의 대립유전자가 하나의 형질을 결정하는 유전자들이 있는데 이를 복수대립유전자라고 한다. 사람의 혈액형은 3개의 대립유전자가 관여하는 복수대립유전자의 경우인데 사람 염색체 9번 위에 존재한다. 즉 A 대립유전자, B 대립유전자와 O 대립유전자이다. 사람의 혈액형을 생각해 보자. 표현형으로 A형인 사람의 유전자는 우성인 A 유전자와 열성인 O 유전자도 가질 수 있어, 유전자형으로 AA 혹은 AO이다. 만약, O형 사람이 A형 사람과 결혼하면 AA 유전자형 경우에는 모든 자손은 A형 혈액형이나 유전자형은 모두 AO일 것이다. AO유전자형인 경우, 자손은 A형이나 O형을 나타내나 유전자형은 AO나 OO일 것이다. 표현형 B인 사람의 유전자형은 BB 혹은 BO 로 표기할 수 있고, 유전자형 BB형인 사람이 O형인 사람과 결혼하면 모든 자손은 B형 혈액형을 가지나 유전자형은 BO 이다.

그러나 BO 유전자형일 때는 자손은 B형이나 O형을 가질 것이며 유전자형은 BO나 OO일 것이다. 그러면 혈액형이 A인 사람과 B인 사람이 결혼을 하면 자손의 혈액형과 유전자형은? (참고, A도 우성, B도 우성)

(Tip) 멘델의 행운

멘델이 선택했던 완두콩 식물의 7가지 형질들은 우연히도 모두 다른 염색체상에 존재한다. 만일 어느 두 형질이 한 염색체 상에 있었다면 그 두 형질을 사용한 실험에서는 독립의 법칙이 결코 성립하지 않았을 것이다. 왜냐하면 그 두 형질을 결정하는 요소(유전자)들은 항상 같이 생식세포 속으로 들어가서 '독립적으로' 분리되지 않았을 것이기 때문이다. 이렇게 두 형질의 요소들이 함께 유전되는 것을 '연관'되었다고 하는데, 멘델의 독립의 법칙은 억세게 재수 좋게 탄생한 셈이다.

(Tip) 모든 생물의 유전물질, DNA의 구조와 모습이 동일하다

인간을 포함하여 바이러스, 대장균, 참새, 파리, 잠자리, 무궁화, 버섯이나 다시마 등의 유전물질, DNA의 구조와 모습은 같아서 전자현미경의 사진에서는 구별할 수 없다. 단지 유전자의 수와 종류가 다를 뿐이다. 왼쪽 사진, 대장균의 DNA 전자현미경 사진. 오른쪽 사진, 1982년 한국에서 최초로 조립한 DNA 이중나선모형(배용수 성균관대 교수 조립)

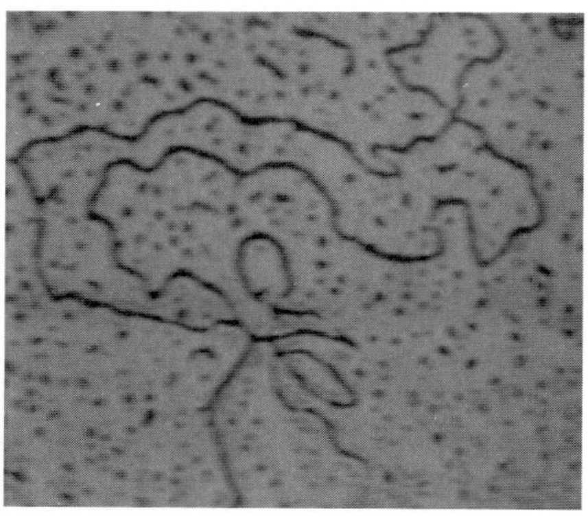

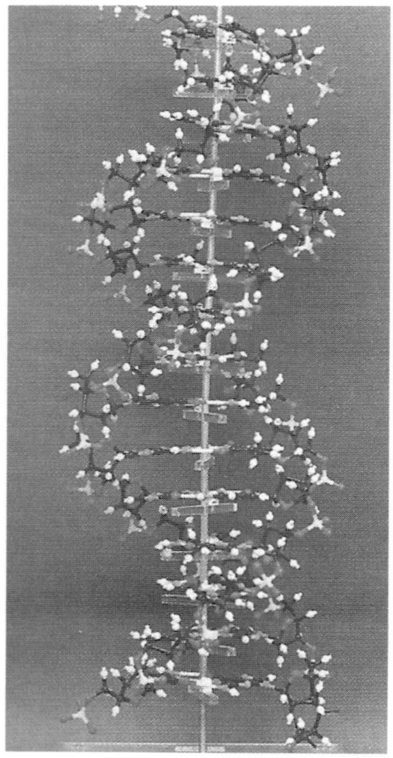

제 8장 유전물질, DNA의 구조와 복제 - 모든 생명체가 가지는 유전물질의 구조는 동일하다

사람다운 겉모습과 내부에 있는 각 기관의 기능들을 통 털어 사람의 형질이라고 하며 이들 형질들은 사람이 가지고 있는 유전물질 속에 있는 유전자들에 의하여 결정된다. 포도나무의 모양과 포도를 열게 하는 형질들은 포도나무가 가지고 있는 유전자들에 의하여 결정된다.

유전물질은 종이나 개체가 가지는 형질을 결정하는 정보를 가지며, 그 정보를 다음 세대로 전달하는 유전자를 구성하는 물질이다. 대부분의 생물은 DNA를 유전물질로 가지고 있으나, 소수의 바이러스는 RNA를 유전물질로 가진 경우도 있다. 사람은 30억 염기쌍으로 구성된 DNA를 유전물질로 가지고 있으며 46개의 DNA 분자로 나뉘어져 있고, 그 속에는 대략 21,000 여 개의 유전자를 포함하고 있다. 그러면 유전자를 구성하는 유전물질은 어떤 화학적 구조를 가진 물질일까?

유전물질, DNA(deoxyribonucleic acid) 혹은 RNA(ribonucleic acid)

500만 년 전에 출현한 사람은 지금도 그때와 같은 사람 종으로 남아있다. 개나 소도 같은 모양의 형질을 가진 종으로 남아 있다. 이는 한 종의 형질을 결정하는 유전물질은 오랜 기간 동안 잘 변하지 않는 구조를 가지고 있다는 것을 의미한다. 이 같은 현상은 한 개의 수정란이 수 없이 많은 분열을 하여 자손세포를 형성하는데 부모의 유전물질이 정확하게 복제하여 다음세대 세포로 전달 될 수 있는 구조 물질이어야 함을 말해 준다. 그러나 장구한 기간을 통하여 한 종의 개체들 중에서 변화된 지구환경에 적합한 개체가 새로운 종으로 진화가 일어나서 현재에는 1,000만여 종이 지구에 서식하고 있다. 이와 같은 현상은 역설적으로 유전물질은 절대로 변하지 않는 구조가 아니라 아주 낮은 빈도로 유전물질이 변화될 수 있는 구조를 가지는 물질임을 또한 암시한다.

DNA의 구조

1953년 왓슨과 크릭은 처음으로 DNA의 이중 나선 구조를 밝히고, DNA야말로 유전물질이 될 수 있는 필수 요건을 갖춘 구조를 가졌다고 제안하였다. DNA는 당, 인산기와 질소를 포함하는 염기로 구성된 이중나선 구조이다. 비유하면 전체적인 모양이 줄사다리를 꽈배기처럼 꼬아놓은 것과 비슷하다(그림 8-1).

사다리의 양 축에 해당되는 것이 DNA구조에서는 5개 탄소(C)를 가진 당(디옥시리보오스)과 인산기가 교대로 반복해서 연결하여 축(등뼈 모양)을 이루는데, 반대쪽 축을 구성하는 당과 인산기가 서로 연결하는 방향이 반대(역) 방향이다(p5 → 3OH, HO3 ← 5p). 즉 DNA분자를 수직으로 그리면 한 가닥은 5'말단C(탄소)에서 3'C로, 위에서 아래 방향으로, 다른 가닥은 5'말단C(탄소)에서 3'C로, 아래서 위 방향이다(그림8-1).

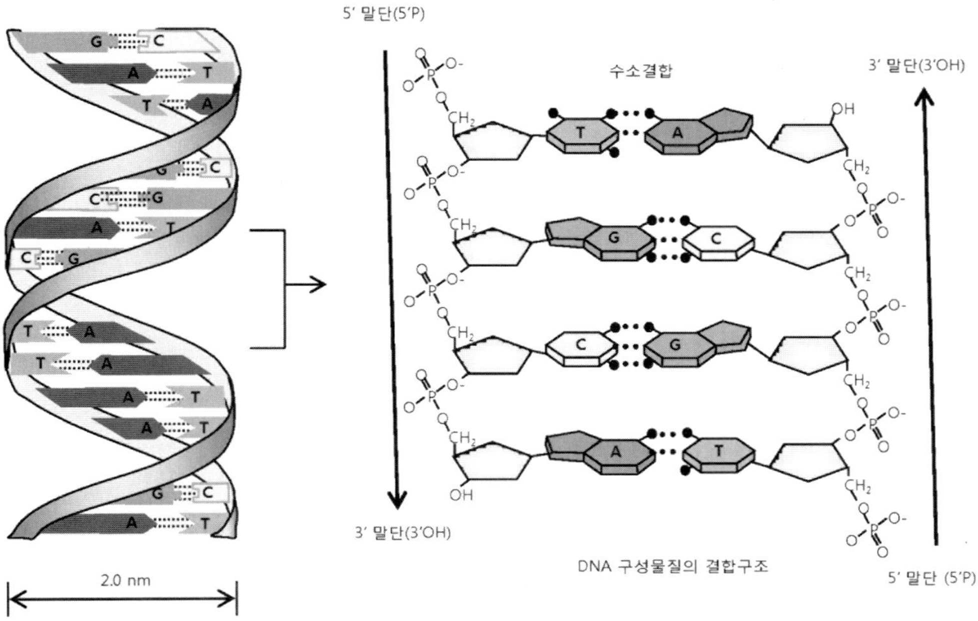

그림 8-1. DNA의 이중나선 구조

사다리를 밟고 올라가는 가로대에 해당되는 것으로 DNA구조에서는 질소를 포함하는 4종류의 염기가 있다(그림 8-2). 즉, 퓨린계로 아데닌(A)과 구아닌(G), 피리미딘계로 티민(T)과 시토신(C)이다. 이들 염기는 한쪽 축(등뼈)을 이루는 5탄 당의 제 1탄소와 결합하여 안쪽으로 향하고, 반대쪽 축(등뼈)을 이루는 당과 결합한 염기가 안쪽으로 향하여, 두 개의 염기들 사이를 수소 결합하여 단단한 수평인 가로대를 만든다. 이 때, 염기들의 결합은 항상 아데닌(A)은 티민(T)과 쌍을 이루고(A:T), 구아닌(G)은 시토신(C)과 쌍을 이룬다(G:C). 따라서 DNA 이중나선의 한 가닥의 당-인산 축에 결합된 염기 서열이 밝혀지면 다른 반대 가닥의 염기순서를 예측할 수 있게 한다. 즉, 한 가닥의 염기순서가 5'GGAACTAG3'이면, 다른 반대 가닥의 염기 순서는 5'CTAGTTCC3'임을 알 수 있다. 따라서 이중나선의 각 가닥의 염기는 서로 상보적이라고 말할 수 있다.

5'-GGAACTAG-3'
3'-CCTTGATC-5'

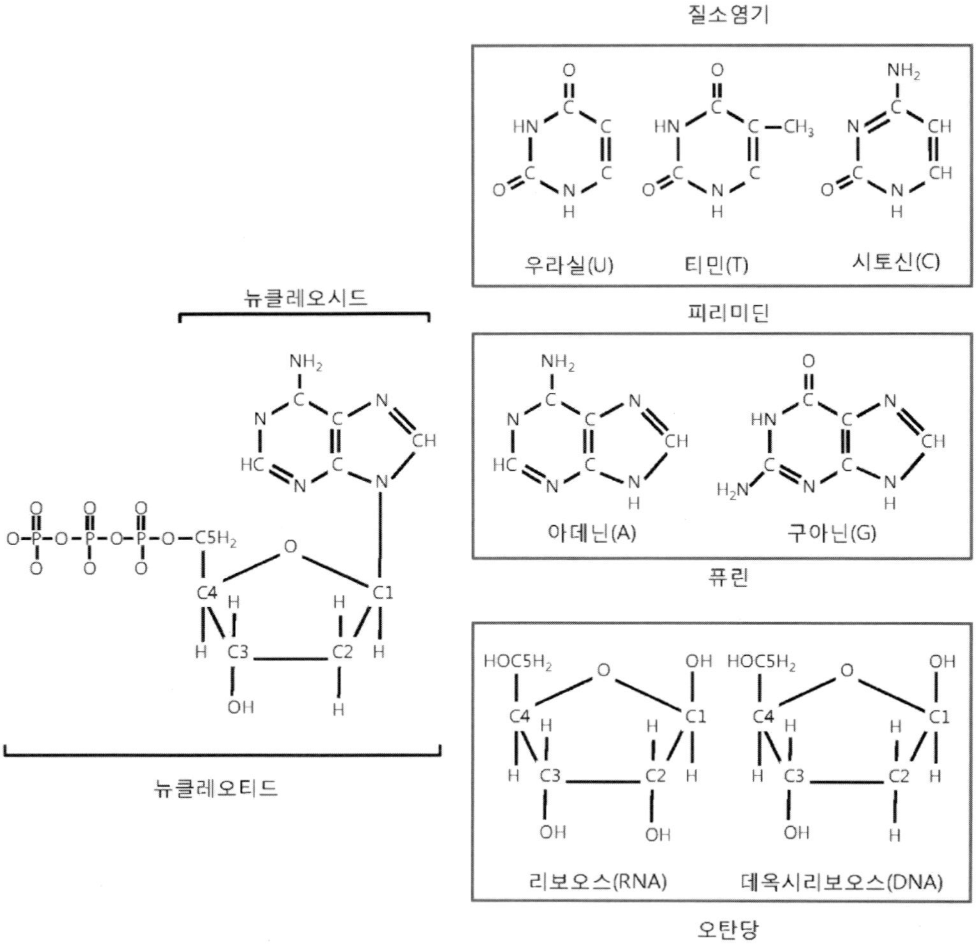

그림 8-2. 질소염기의 종류와 오탄당

이는 부모의 한 분자의 DNA가 2 분자로 복제될 경우 부모 DNA 분자의 한 축의 염기서열이 새로 합성되는 딸 DNA의 상보적인 염기서열을 결정해 주므로 똑같이 복사할 수 있어서 결국 부모의 유전물질이 정확하게 복제되어 자손으로 전달될 수 있다. 또한 이중 고리를 가진 퓨린계와 단일 고리를 가진 피리미딘계와 항상 쌍을 이루어, 지구상에 서식하는 모든 생물이 가지는 모든 DNA 분자의 지름은 일정하게 2.0nm이다.

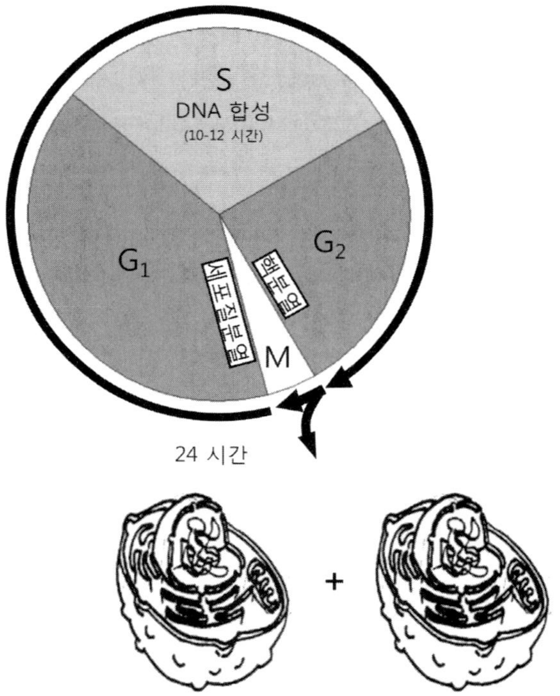

그림 8-3. 인간세포의 세포주기

DNA 복제

세포주기(1개 세포가 2개의 세포로 증식하는 세포 생활사)에서 DNA 복제가 일어나는 기간이 매우 짧으므로 분자량이 큰(길이가 긴) DNA 복제는 대단히 빠른 속도로 일어나야 한다. 짧은 시간 내에 길이가 긴(분자량이 큰) DNA 분자가 복제를 완료하기 위해서는 우선 여러 개의 분자로 쪼개져 나누어져 있어야 하며 또한 한 곳 이상의 여러 곳에서 DNA 복제가 동시에 일어나야 부모가 가진 전체의 DNA 분자가 일정한 기간 내에 복제될 수 있을 것이다. 사람세포의 세포주기는 24시간인데(그림 8-3), 10시간 내지 12시간

동안에 모든 사람의 DNA 복제가 일어나야 한다. 하나의 세포 속에 있는 사람의 DNA는 길이가 대략 2미터 정도이며 46개 조각으로 나누어져 있고, 30억 염기쌍으로 구성 되어있다

1 분에 약 3,000개의 염기가 결합하여 새로운 DNA 분자로 합성된다. 실제로 DNA 복제가 대단히 빠르게 일어나고 있다. DNA 복제에 있어 더욱 중요한 것은 부모의 DNA를 정확하게 복사하여 자손 DNA 분자를 합성해야 한다는 것이다. DNA 복제의 정확도는 10억 개의 염기가 DNA로 합성될 때, 평균적으로 한 개의 염기 꼴로 합성이 잘못 일어나는 비율이다. 사람의 경우, 30억 염기쌍으로 되어있는 사람의 DNA 분자의 이중나선 중의 한 가닥이 복제되면 새로 합성된 30억 개 염기 중 3개의 잘못된 염기가 삽입되고 따라서 30억 염기쌍을 복제하는데 적어도 6개의 잘못된 염기가 참가되어 그 결과 새로 합성된 2개의 딸 DNA 분자는 각각 3개의 잘못된 염기를 가지는 셈이다. 만약 DNA 복제가 정확하게 일어나지 않으면, 짧은 기간 내에 수많은 변이를 초래할 것이고, 그 결과 사람은 수많은 유전병을 가지게 되거나 죽게 될 것이다. DNA 복제는 DNA상 특별한 염기서열에서만 시작되는데, 이를 복제 시작점이라 한다. DNA 복제는 먼저 복제 시작점의 이중 나선 가닥이 풀어지고 서로 분리되면 DNA 중합효소(DNA 합성과정을 촉매 하는 효소, 즉 자라는 DNA 가닥의 끝의 3' OH 에 삽입되는 염기의 5' CPPP 사이에 인산 이중에스텔 고리의 형성을 촉진함)가 분리된 가닥에 붙게 되면서 시작된다. DNA 합성은 복제 시작점을 중심으로 좌우 양방향으로 일어나는데, 부모의 각 가닥을 주형(틀)으로 하여 부모 가닥의 염기에 상보적인 염기가 복제하는 딸 가닥의 5탄당 의 3번 탄소(C)에 있는 유리 OH기와 결합하여 DNA 복제가 계속 일어난다. 복사하는 딸 가닥의 합성 방향은 P5'→3'OH로 일어난다. (이때 결합되는 실제 염기의 구조는 5탄당의 1번 탄소에 염기가 결합되고, 5번 탄소에 3개의 인산기를 가진 뉴클레오티드(nucleotide)인데 여기서는 이해하기 쉽게, 염기로만 기술한다) (그림 8-4).

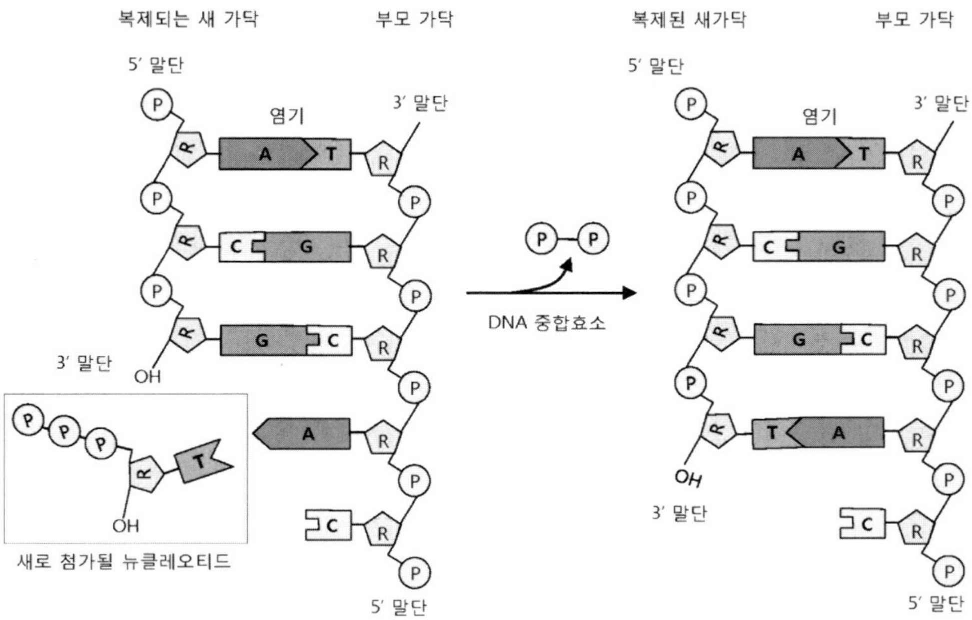

그림 8-4. DNA 복제

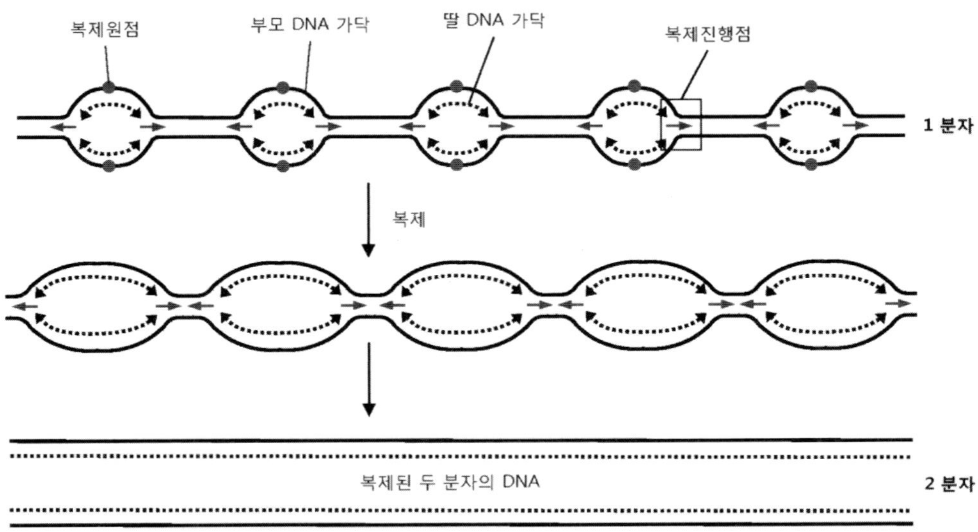

그림 8-5. 복수 복제단위

대장균은 분자량이 작은(길이가 짧은) 한 개의 DNA 분자를 가지며 한 개의 복제 시작점을 가지는 데 이를 한 개의 복제단위라 하고, 사람은 46개의 분자량이 큰 DNA 분자를 가지고 있으며, 각 DNA 분자는 많은 수의 복제 시작점을 포함하고 있어 복수복제단위라고 한다(그림 8-5). 복수 복제시작점에서 거의 동시에 DNA 합성을 시작하기 때문에 짧은 기간 내에 길이가 2 미터나 되는 DNA분자의 복제를 세포주기 내에 완료할 수 있다.

DNA 구조와 유전물질로서의 필수요건

현재, 지구상에 살고 있는 수많은 종과 각 종이 나타내는 형질을 결정하는 유전자를 만드는 유전물질은 구조적으로 갖추어야 할 필수요건이 있는데, 첫째, 수많은 형질을 설계할 수 있는 정보를 포함할 수 있는 구조, 둘째, 부모가 가진 설계정보를 정확하게 복제하여 다음 자손으로 전달할 수 있는 구조, 셋째, 유전 물질은 극히 낮은 빈도로 변화될 수 있는 구조, 넷째, 형질을 결정하는 설계정보가 실제로 실현되도록 하는 구조를 갖추어야 한다. 유전물질의 구조를 설명하면서 위의 필수요건을 충족시키는가를 검토해 보자.

유전암호

유전자는 지구상에 존재하는 다양한 종이 수많은 형질(특징)을 나타낼 수 있는 정보를 포함할 수 있는 구조를 가져야 한다. DNA 분자에는 4종류의 염기가 있는데, 즉, 아데닌(A), 티민(T), 구아닌(G), 과 시토신(C)은 비유하면, 한글의 모음과 자음 중에 4글자에 해당된다. DNA 속의 유전자는 단백질의 종류를 결정하는 암호를 포함하는데, 단백질은 20개 종류의 아미노산으로 구성되어있다. 따라서 유전암호는 20개 종류의 아미노산의 종류와 순서를 결정하는 유전정보를 가지고 있으면 수많은 종류의 단백질을 합성할 수 있다. 만약 4개 종류의 염기중 하나가 하나의 의미 있는 단어(4^1)라면 4개 종류의 아미노산만 결정하여 20개 종류의 아미노산의 결정에 불충분하고, 만약 4개 염기 중 2개 조합이 한 단어 (4^2)가 되면 16개의 아미노산을 결정하게 되어 또한 충분하지 못하다. 결국 4개 염기 중 3개의 염기가 조합하여 한 개의 단어(4^3)가 되면 64개의 단어들이 이루어져 20개 아미노산을 결정하기에 충분하다. 4글자 중에서 3개가 조합되면 의미가 있는 한 개의 단어가 되고, 여러 개 단어들이 모여서 뜻을 나타내는 문장이 될 것이다. 4글자 중에서 3개 글자가 조합될 수 있는 단어의 종류 수를 계산하면 총 64개 단어를 만들 수 있다. 이들 3글자 조합을 유전암호라고 한다(표 9-1). 유전자 속에 있는 유전암호는 유전자의 최종산물인 단백질, 결국 단백질의 종류를 결정하고, 이들 단백질이 상호 작용하여 종이나 개체의 형질을 나타낸다. 이는, 아미노산의 순서와 종류를 변화시킴으로써 수많은 종류의 단백질을 만들 수 있고, 따라서 지구상에 존재하는 1,000만 종의 생물이 가지는 수많은 형질을 나타낼 수 있는 정보를 포함할 수 있어 첫째 항을 충족시킨다.

반보존적 복제

1953년 왓슨과 크릭이 DNA 이중나선 구조를 발표하면서 부모 DNA를 가장 정확하게 증식하기 위해서는 DNA 복제는 절반만 보존적으로 일어날 것 이라고 예상하였다. 실제로 DNA 분자가 복제될 때 이중나선 가닥이 풀어지면서 부모의 각 가닥을 틀로 하여 새롭게 복제되는 딸가닥은 부모가닥의 염기에 상보적인 염기가 결정되므로 반보존적 방식으로 복제가 일어나서 복제 후 정확하게 같은 2개의 DNA 분자로 증식된다. 새로 합성된 딸 DNA 이중나선 구조를 보면 한 가닥은 부모 DNA 분자로 부터 유래된 것이어서 새롭게 합성된 것이 아니고 다만 틀 역할을 하여 보존적이고, 다른 한 가닥은 부모 가닥의 지시를 받아 새롭게 합성된 딸가닥으로 구성되어 반보존적이다(그림 8-6). 이 사실은 부모의 유전물질이 정확하게 복제되어 자손으로 전달 할 수 있어 둘째 항을 충족시킨다.

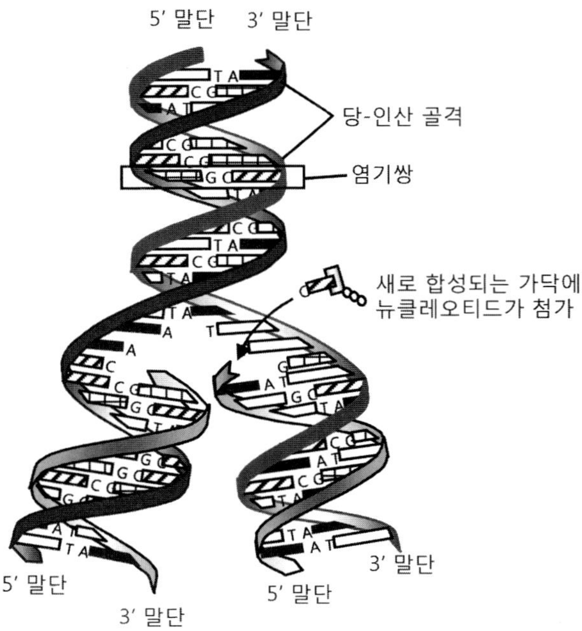

그림 8-6. DNA 분자의 반보존적 복제

유전물질의 변이

만약에 유전물질이 장구한 세월 속에도 영원불변한 구조라면 항상 변화하는 지구환경에 적응하지 못하고 지구상에서 멸종할 것이다. 그러나 현재 지구상에는 1,000만 여종 이상의 다양한 생물이 서식하고 있다. 따라서 유전물질은 극히 낮은 빈도로 변화될 수 있는 구조를 가져야 한다.

생물은 오랜 기간을 통하여 변화하는 지구환경에 적합한 새로운 종으로 진화해 왔다. 진화는 유전물질이 변하여 새로운 유전자가 탄생하여 가능하다. 새로운 유전자의 탄생은 유전물질의 변화를 필요로 한다. DNA 구조에서, 4가지 염기는 A:T와 G:C로 짝을 이루는 경우가 정상적인데, 몸 안의 미세환경의 변화로 극히 낮은 빈도로 A:T 대신에 A:C로, G:C 대신에 G:T로 잘 못 짝을 이루게 되고, 잘 못 짝을 이룬 DNA 분자가 복제하게 되면 T:A 염기쌍이 C:G로, C:G 염기쌍이 T:A로 유전물질의 변화를 초래하여 유전자의

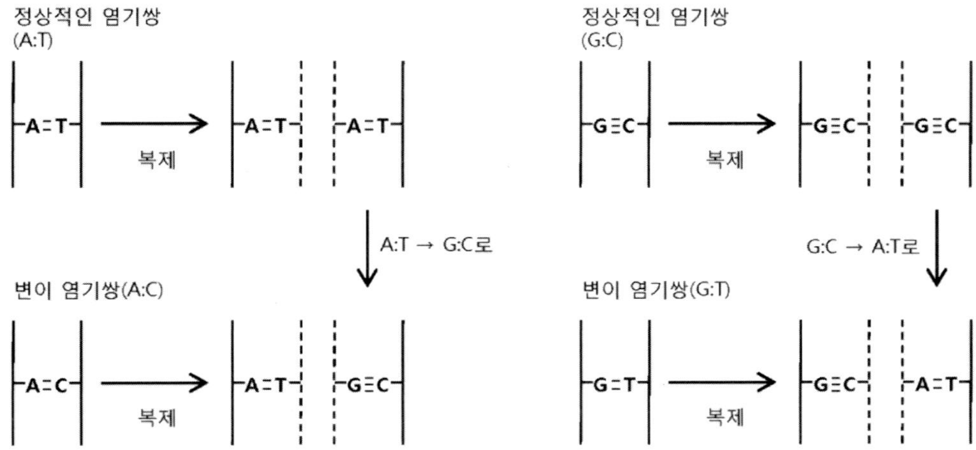

그림 8-7. 복제오류로 인한 돌연변이. 염기끼리의 수소결합은 DNA의 이중나선을 형성하는 주된 분자 간 결합력이다. 생물체 내부의 미세 환경의 변화로 아주 드물게 수소결합을 만드는 염기의 구조가 일시적으로 변할 수 있으며 이때 잘못된 염기끼리 수소결합을 형성할 수 있다. 자연적인 우연돌연변이가 일어나는 과정이다.

변이가 일어나서 새로운 기능을 가진 유전자가 탄생하게 된다(그림 8-7). 따라서 셋째 항을 만족시킨다.

발현기구

유전물질 속에 있는 유전자는 그 유전자의 산물인 단백질을 실제로 생산할 수 있는 구조를 갖추어야 한다. 유전암호를 가진 유전자는 실제로 그 유전자의 최종 산물인 단백질을 생산 할 수 있도록 발현기구를 갖추고 있다(그림 8-8). DNA 분자 속에 있는 유전자는 최종 산물인 단백질을 만들 수 있도록 발현에 필요한 염기서열 즉 RNA 중합효소가 결합하는 부위인 프로모터, 전사활성인자나 전사억제인자가 결합하는 부위 등을 갖추고 있다. 전사활성 인자가 전사활성 부위에 결합하면 그 유전자의 단백질이 합성되고, 반면에 전사억제 인자가 전사억제 부위에 결합하면 단백질의 합성이 억제된다. 특별한 환경에서나 분화된 세포에 따라 필요한 단백질을 제공하여 특이한 기능을 나타내게 한다. 따라서 넷째 항을 충족시킨다. 종합하면 DNA 분자구조는 유전물질로서 갖추어야 할 필수요건을 모두 충족시킨다.

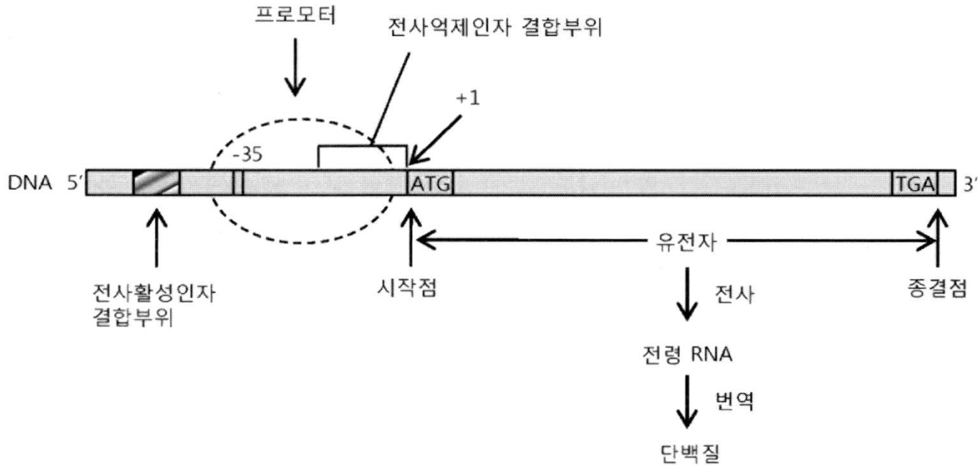

그림 8-8. 진핵세포의 유전자 구조. RNA 중합효소가 결합하는 "프로모터"부위 (-1 ~ -35)를 중심으로 앞 부위에 전사활성인자 결합부위와 뒷 부위로 전사억제인자 결합부위가 있으며 그 뒤로 구조 유전자(+1 ~)가 있다.

(Tip) 세포주기란?

한 개의 세포가 2개의 세포로 증식할 때 세포는 성장하는 기간인 G1시기를 경과한 후 S 기간 동안에 DNA 복제와 염색체 형성이 시작되고 다시 성장기간, G2를 가지면서 짧은 M 시기에서 염색체와 세포질 분열을 통하여 2개의 딸세포로 증식되는 주기를 의미한다(그림 8-3). 사람세포의 주기는 24시간 이며 DNA 복제가 일어나는 S 기간은 10-12 시간이다.

제 9장 유전자의 최종 산물, 단백질
- 우리 몸에서 수많은 필수적인 일을 수행하는 일꾼!

유전물질 속에 있는 유전자는 특유한 단백질을 생산하고 단백질은 한 종이 나타내는 형질(특징)을 결정하는데 이는 유전자 속에 감추어진 유전암호가 결국 단백질을 구성하는 아미노산의 종류와 순서를 결정하고, 반면에 그 최종 산물인 단백질은 그 종의 형질을 결정한다.

유전자의 최종 산물, 단백질!

유전자 속에 포함되어 있는 유전암호는 단백질을 구성하는 기본요소인 20종류의 아미노산(표 9-1) 가운데 종류와 순서를 결정하여, 특별한 단백질을 만들도록 하는 설계 도안이라고 말할 수 있다. 이들 특별한 단백질은 세포내에서, 일어나는 수많은 생명현상을 수행하는 일꾼이다. 그러면, 유전자의 최종산물인 단백질은 어떻게 이루어져 있으며, 우리 몸에서 어떤 기능을 할까?

단백질의 구성

단백질을 구성하는 기본요소는 20개 종류의 아미노산(표 9-1)이며 유전자 속에 있는 유전정보(계획)에 따라 아미노산의 종류가 순서대로 서로 연결 되어 분자량이 큰 중합물질인 단백질을 이룬다. 우리 몸에서 발견되는 20개 종류의 아미노산은 기본 되는 공통의 구조를 가지고 있는데 각 아미노산의 중앙에 있는 탄소(C)에 4개의 화학구조가 다른 그룹들이 연결 되는데(그림 9-1), 그 4개 그룹은 다음과 같다.

(1) 질소를 포함하는 아미노 그룹(-NH_2 혹은 -NH_3)
(2) 카복실 그룹(-COOH 혹은 -COO^-)
(3) 수소원자(-H)
(4) 하나의 가지 사슬(-R)이며 아미노산에 따라 다르다.

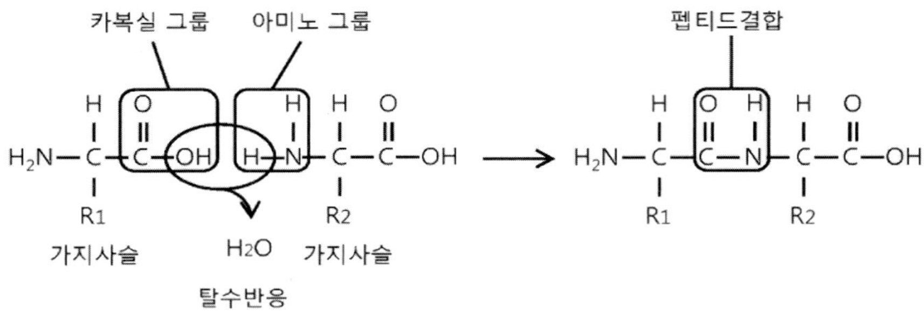

그림 9-1. 아미노산의 기본구조와 폴리펩티드

단백질은 아미노산의 아미노그룹과 카복실 그룹 사이에 물 분자가 빠지면서 서로 연결 되어 긴 아미노산 사슬을 이루는 중합체를 의미한다. 일명 폴리펩티드라고도 하며, 연결되는 결합을 펩티드결합 이라 한다.

단백질의 구조

단백질은 한 개의 폴리펩티드로 구성되어 있을 때, 그 속에 있는 아미노산의 종류와 순서를 1차 구조라고 한다. 1차 구조가 평풍 모양으로 또는 나선형 모양으로 이루어져 규칙적인 형태를 가질 때만 특이한 기능을 나타내게 되는데 이를 2차 구조라고 한다. 2차 구조가 다시 구부러지고 꼬여서 입체적인 구조를 가질 때 비로소 단백질이 생물학적 기능을 가지게 되며 이를 3차 구조라 한다. 때로는 단백질은 하나 이상의 폴리펩티드로 구성되는 경우가 있는데 이를 4차 구조라 한다. 4차 구조는 같은 종류 또는 다른 종류의 폴리펩티드가 모여서 RNA 중합효소와 같은 정교하게 조절되는 단백질로 작용하기도 한다(그림 9-2). 사람은 21,000 여 개의 유전자로부터 지시를 받아 합성된 21,000 여 개의 단백질이 상호작용하여 총체적인 사람의 모습과 기능을 나타낸다.

표 9-1. 20종류 아미노산의 구조.

가지사슬의 구조에 따라서 아미노산의 생화학적 특성이 다르게 나타난다.

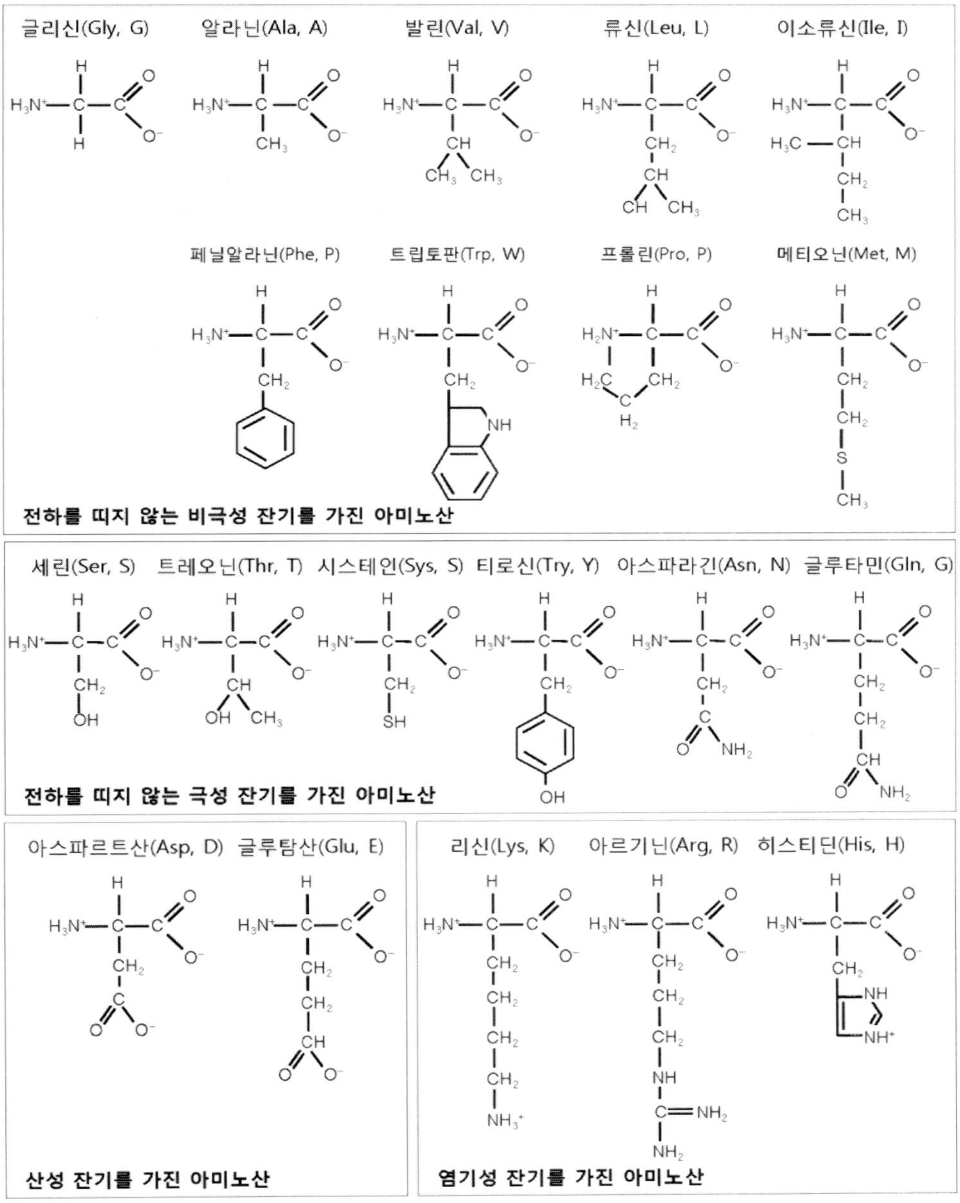

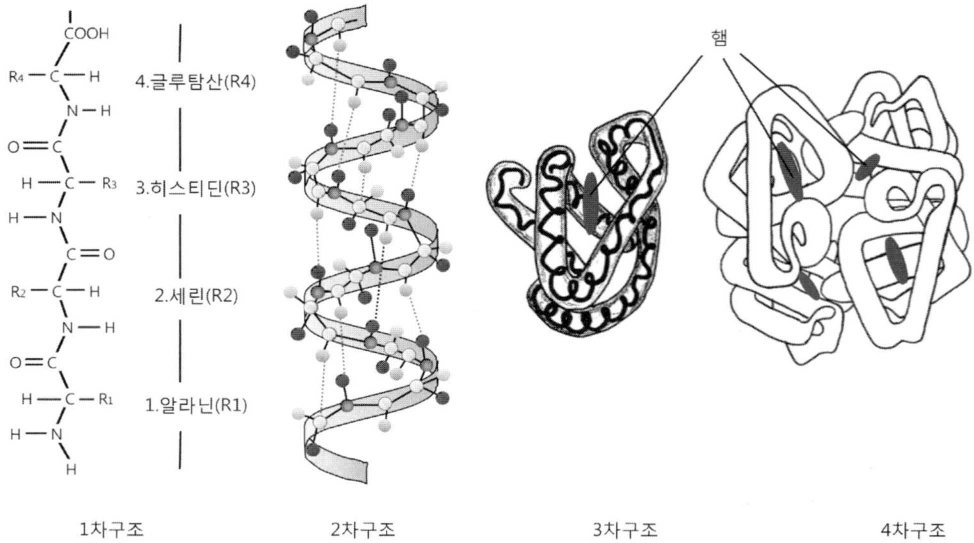

그림 9-2. 단백질의 구조(1차-4차)

단백질의 기능

(1) 생물 종에 따라서 단백질을 생산하는 유전자의 수가 다른데, 이들 생산된 단백질이 상호작용하여 그 종의 특징(형질)을 나타낸다. 사람 종을 예로 들면 사람의 유전물질 속에는 대략 21,000 여 개의 유전자가 있는데 이들이 생산한 많은 효소들은 단백질로 되어 있으며 우리 몸에서 일어나는 수많은 신진대사 등에 관련된 생화학적 반응(생물체 내에서 일어나는 화학반응)이 일어나도록 촉매 역할을 한다.

(2) 우리 몸의 구조단백질로서 근육을 이루고, 특히, 결체 조직에 많이 존재하는 콜라겐은 단백질인데 근육과 뼈를 연결하여 움직이는데 도움을 준다.

(3) 적혈구속에 있는 헤모글로빈은 수송단백질이라 하는데, 허파에 있는 산소를 우리 몸의 세포로 운반하고, 대신에 세포에서 생긴 탄산가스를 허파로 수송하여 몸 밖으로 내보낸다.

(4) 우리 몸에 이물질이 들어오거나 세균에 감염되면 우리 몸을 보호하기

위하여 항체를 생산하는데, 이 항체도 단백질로 되어있어 면역단백질이라 한다.

(5) 우리 몸은 여러 가지 생리현상을 나타내는데, 예를 들면, 성장 한다든가, 생식세포 형성, 발생, 배란 등이 잘 일어날 수 있도록 조절하는 호르몬들이 있는데, 대부분이 단백질로 되어있다. 이 외에도 세포분열, 분화, 발생, 유전자 발현 및 조절, DNA 복제 및 전사 등 중요한 생명현상에 관여하는 수많은 효소 및 요소들도 모두 단백질로 이루어 져 있다. 이상에서 보듯이, 단백질은 우리의 생명을 유지하기 위하여 필수적인 역할을 하는 꼭 필요한 일꾼이다. 단백질은 각 종의 형질(특성)을 결정하는데, 이 때문에 유전자 속 유전암호가 단백질의 종류를 결정하는 설계도안인 이유가 아닐까? 생명현상에 필수적인 역할을 하는 단백질은 어떻게 만들어 질까?

다양한 종류의 단백질 합성

단백질은 많은 수의 아미노산들이 서로 펩티드 결합으로 이어진 분자량이 큰 중합체로써 NH_2-(아미노산)n-COOH로 표시할 수 있다. 유전자 A는 단백질을 구성하는 아미노산 수인 n과 동시에 아미노산의 종류와 순서를 결정해 줌으로 단백질 A를 합성한다. 따라서 유전자들은 n과 아미노산의 종류와 순서를 서로 다르게 결정하여 수없이 많은 종류의 단백질을 만들 수 있다.

유전물질인 DNA 분자는 세포 내 핵 속에 존재하며 핵막으로 둘러싸여 보호를 받고 있다. 그러나 DNA 분자 속에 있는 유전자의 산물인 단백질은 핵막의 밖에 있는 세포질 속에서 합성된다. 이 같은 사실은 핵 속에 있는 유전물질이 세포질 속으로 이동을 해야 한다는 것을 의미한다. 이동과정에서 유전물질의 손상이 생길 수 있다. 따라서 DNA 유전물질은 핵 속에 원판으로 존재하고, 대신에 핵 속에서 DNA 유전물질 속에 존재하는 유전자의 유전암호를 분자구조가 비슷한 RNA 분자로 복사하여 세포질 속으로 이동한 후, 세포질 속에서 그 유전자의 특별한 단백질을 합성한다. DNA 속에 있는 유전암호가 복사된 RNA 분자를 전령 RNA, messenger RNA(mRNA)라고 한다(그림 9-3).

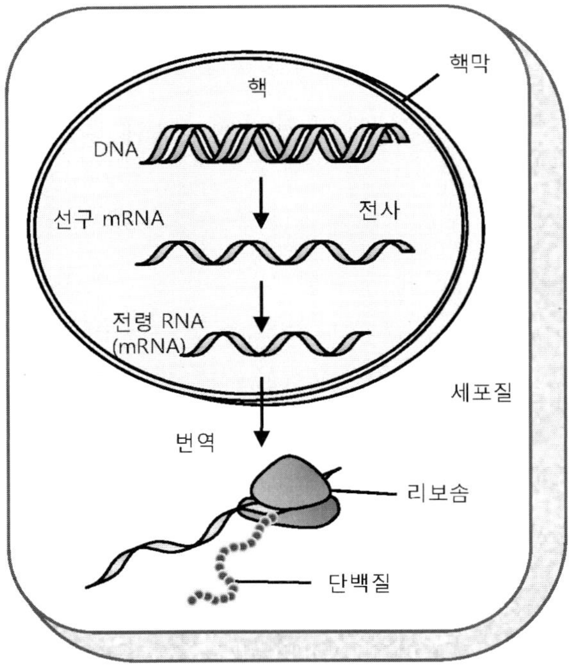

그림 9-3. 전령 RNA의 형성

DNA 복사본인 전령 RNA에 있는 유전암호, 코돈(codon)

전령 RNA 가닥이 세포질 속에서 리보솜(단백질이 합성되는 세포질 내 구조)을 통하여 미끄러져 통과할 때 유전암호는 한번에 3개의 염기 서열(단어)이 해독된다. 전령 RNA에 있는 3개의 염기가 한 집단으로 묶여서 한 개의 아미노산을 결정하는 유전암호를 코돈(codon)이라고 한다. 그러면, 전령 RNA에 있는 염기는 A, G, C, U 4종류인데, 가능한 3글자 조합이 되는 수는 64개, 곧 64개 코돈 이다. 각 코돈은 단백질을 구성하는 20종류의 아미노산 중에서 한 개의 아미노산 종류를 결정한다. 연구결과에 따르면, 64개

중에 61개 코돈만 특별한 아미노산을 결정하고, 나머지 3개 코돈, UAA, UAG, UGA는 특별히 결정하는 아미노산이 없다(표 9-2). 이들 3개의 코돈은 정상적으로는 전령 RNA의 끝부분에 존재하는데, 이들 코돈이 리보솜 A 주머니에 들어오면 단백질 합성이 종결된다(그림 10-3c). 따라서 이들 코돈을 종결코돈이라 한다. 비유하면, 문장 끝에 점을 찍는 종결점에 해당된다. 또한, 전령 RNA의 앞부분에 AUG 코돈이 나타나는데, 번역을 여기서부터 시작하라는 개시코돈인 동시에 메티오닌 아미노산을 지정한다. 문장의 시작점인 셈이다. 여기서, 61개의 코돈이 20개 종류의 아미노산을 결정한다는 것은 대부분의 아미노산은 하나 이상의 코돈을 가질 수 있다는 것을 의미한다. 이를 코돈의 중복성이라 하고, 많은 수의 아미노산들은 실제로 중복 코돈을 가지고 있다(표 9-2). 유전암호, 즉 코돈은 사람에서 대장균이나 바이러스에 이르기까지 지구상에 서식하는 모든 생물에 있어 공통적이다. 이 사실은 무엇을 의미하는가?

표 9-2. 유전암호와 코돈(전령 RNA 에 있는 3개의 염기순서 5′-XYZ-3″)

두 번째 염기(Y)

첫 번째 염기(X)	U		C		A		G		세 번째 염기(Z)
U	UUU	페닐알라닌	UCU	세린	UAU	티로신	UGU	시스테인	U
	UUC		UCC		UAC		UGC		C
	UUA	류신	UCA		UAA	종결코돈	UGA	종결코돈	A
	UUG		UCG		UAG		UGG	트립토판	G
C	CUU	류신	CCU	프롤린	CAU	히스티딘	CGU	아르기닌	U
	CUC		CCC		CAC		CGC		C
	CUA		CCA		CAA	글루타민	CGA		A
	CUG		CCG		CAG		CGG		G
A	AUU	이소류신	ACU	트레오닌	AAU	아스파라긴	AGU	세린	Y
	AUC		ACC		AAC		AGC		C
	AUA		ACA		AAA	리신	AGA	아르기닌	A
	AUG	메티오닌(개시코돈)	ACG		AAG		AGC		G
G	GUU	발린	GCU	알라닌	GAU	아스파라긴산	GGU	글리신	U
	GUC		GCC		GAC		GGC		C
	GUA		GCA		GAA	글루탐산	GGA		A
	GUG		GCG		GAG		GGG		G

(Tip) 효소와 발효액

시험관내에서 일어나는 화학반응이 잘 일어나도록 촉진시키는 물질을 촉매제라고 한다. 생물체 내에서 일어나는 화학반응을 생화학 반응이라고 하며, 생화학반응을 생명체 내에서 잘 일어나도록 생명체가 만들어낸 촉매역할을 하는 물질을 효소라고 한다. 효소는 단백질로 되어 있으며 쉽게 활성을 잃는다. 요즘 언론이나 책에서 여러 가지 약초에 설탕을 첨가하여 건강에 좋은 약리활성 물질을 추출하거나 발효를 시켜 얻은 용액을 발효액이라 부른다. 그러나 이것을 효소액이라 부르는 것은 옳지 않으며 발효액이라 불러야 한다.

(Tip) 프리온 (Prion) - 광우병을 일으키는 병원체

프리온은 여러 동물에서 퇴행성 뇌질환을 일으키는 감염성을 가진 분자량이 작은 단백질이다. 양을 비롯하여 소에서 광우병을 일으키는데 광우병에 걸린 소에서 프리온이 포함된 쇠고기를 먹으면 전파된다. 프리온은 2가지 특징이 있는데, 첫째, 프리온은 천천히 작용하여 증상이 나타나기 전에(10여 년의 잠복기) 이미 여러 차례 전염된다. 둘째, 프리온은 잘 파괴되지 않아서 보통의 조리 온도에서는 활성을 잃지 않는다.

(Tip) 유전정보의 흐름의 대원칙 (Central dogma)

세포 내에서 DNA 분자에 있는 유전정보가 단백질로 전달되는 대원칙을 의미하는데 1958년 크릭이 처음으로 제안 하였다. DNA를 유전 물질로 가지는 생명체에는 DNA에 있는 유전정보가 RNA 분자로 전달되고 RNA 분자에 있는 복사된 유전정보는 단백질로 전달된다. DNA 분자가 증식 할 때는 DNA로 전달된다.

DNA←→ DNA → RNA →단백질 (그림 9-4)

RNA를 유전물질로 가지고 있는 RNA 바이러스는 유전정보를

RNA ←→ RNA →단백질 로 흐른다.

소수의 RNA 레트로바이러스(retrovirus)는 RNA 분자로부터 바이러스 DNA (vDNA) 분자로, 다시 vDNA 분자에서 RNA 분자로 유전정보를 전달한 후 최종적으로 단백질로 전달된다.

RNA ←→ vDNA → RNA→ 단백질

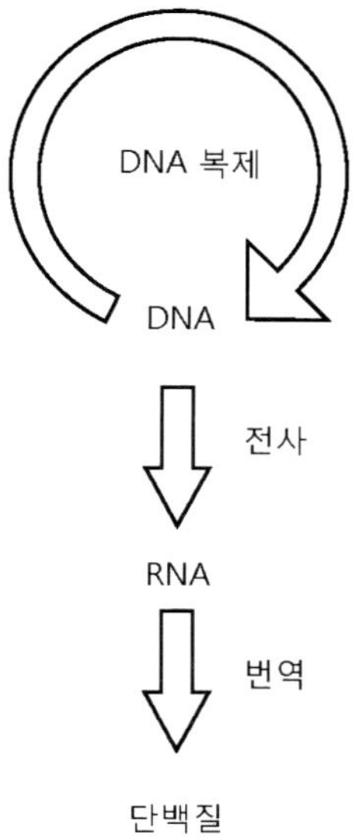

그림 9-4. 유전정보 흐름의 대원칙

제 10장 유전자 발현과 조절 - 단백질 합성 - 세포분화 - 환경변화에 따른 우리 몸의 적응

유전자 속에 있는 유전 암호에 따라 특별한 단백질을 합성하는 과정을 유전자 발현이라고 하고, 조직 세포에 따라 발현 유전자군을 조절함으로써 세포 분화를 가능하게하며 환경의 변화에 우리 몸을 잘 적응하게 한다.

유전자 발현

DNA 분자 내에 유전자가 존재하고, 유전자가 생산하는 최종산물은 단백질인데, 유전자 속에 있는 유전정보는 단백질의 종류를 결정하고, 반면에, 단백질은 생물의 형질들을 결정한다. 유전자 발현은 유전암호에 따라 최종산물인 단백질을 생산하는 과정을 의미한다. 유전자 발현은 크게 2단계를 거쳐 이루어진다. 즉 핵 속에서 일어나는 전사단계와 세포질 속에서 완성되는 번역단계이다.

전사(Transcription) 단계

DNA에 있는 유전암호를 일단 RNA 유전암호로 복사하는 과정이다. DNA 유전자 속에는 단백질 설계 도안이 암호화되어 있는데, 만약에 유전암호가 있는 DNA 자체가 직접 세포질 속으로 이동한다면, 손상이 일어나게 되고 따라서 생명을 유지할 수 없을 것이다. 이를 대비하여 DNA 유전암호는 원본으로 핵 속에 안전하게 보존되어야 한다. 여기 RNA 분자는 DNA 분자와 구조가 같은 계열의 고분자 중합물인데, DNA경우 5탄당은 디옥시

리보오스인 반면에 RNA에는 5탄당으로 리보오스이고, 4종류의 염기로는 DNA에는 티민(T), 시토신(C), 구아닌(G), 아데닌(A)들이 포함되는 반면에 RNA 분자는 티민을 대신하여 우라실(U)을 가진다(그림 8-2). 주로, DNA는 2가닥의 이중나선으로 되어있으나 RNA는 단일 가닥이다. 즉 전사단계에는 DNA속에 있는 유전 암호를 구조와 화학적 성질이 비슷한 RNA 고분자 물질로 전환하는 과정이다(그림 10-1). 비유하면, 라틴어로 쓰여진 계획서를 영어로 옮기는 격이다. 전사과정에서 잠시나마 한 가닥의 DNA와 합성되는 RNA사이에 염기쌍을 이루는데, 이때, G는 C와 염기쌍(G:C)을 이루고 U는 A와 염기쌍(U:A)을 형성한다. 우리 몸의 세포가 어떤 특정한 유전자가 생산하는 단백질이 필요하다는 신호를 보내면 그 특정한 유전자의 "프로모터" 부위 근처에 있는 전사활성인자 결합부위에 결합한 전사활성인자(단백질)의 도움을 받아 RNA 중합효소가 프로모터 부위에 결합한 후 부분적으로 DNA 가닥을 풀고, 유전자를 포함하는 DNA가닥을 주형(틀)으로 DNA 염기서열에 상보적인 RNA 염기를 결합시켜 전령 RNA를 합성한다. 이렇게 합성된 RNA는 주형으로 사용된 DNA 가닥과 완전히 상보적 염기서열을 가진 RNA 가닥이 된다. 즉, 새롭게 합성된 RNA는 DNA에 있는 유전암호가 거울에 비친 모양을 나타낸 것과 비슷하다. 이 RNA 복사본은 발현되는 유전자의 단백질 설계도안을 전달하기 때문에 전령 RNA라 한다(그림 9-3).

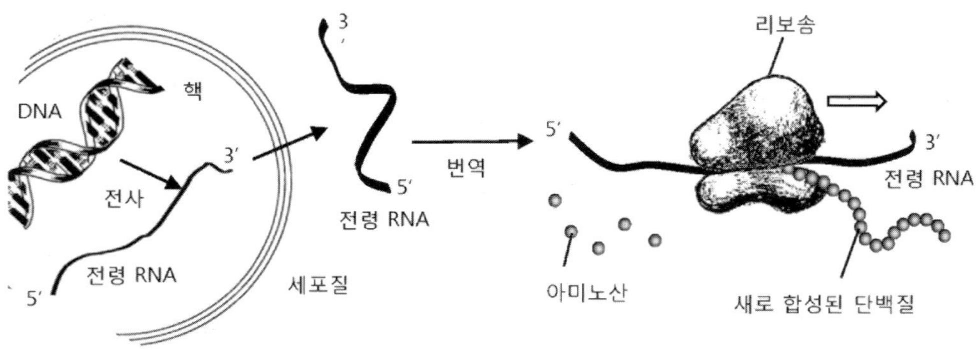

그림 10-1. 전사와 번역. 전사는 핵 안에서 일어나며 번역은 세포질에서 일어난다.

번역(Translaton) 단계

단백질 설계도안의 복사본을 가진 전령 RNA가 세포질 속으로 이동한 후 유전암호(설계도안)에 따라 특정한 단백질을 만드는 과정이다. 이 과정은 전사과정과는 다르게 핵산(DNA 혹은 RNA)이라는 중합물에서 전혀 구조가 다른 새로운 중합 물질, 즉 단백질을 합성한다(그림 10-1). 비유하면, 영어로 쓰여진 책을 한글로 번역한 셈이다. 또한, 번역과정은 좀 복잡해서, 전령 RNA, 운반 RNA(transfer RNA, tRNA)와 리보솜 등 많은 요소들이 참여한다. 운반 RNA는 특정한 아미노산을 운반하는 역할을 한다. 핵 속에 있는 운반 RNA 유전자로부터 직접 전사된 후, 세포질 속으로 이동한다. 이렇게 하여, 번역에 관여하는 중요 3가지 요소들이 세포질 속에 모여 있게 된다. 운반 RNA를 생산하는 유전자들은 핵 속에 있는 DNA 분자 속에 있는데, 적어도 64개 코돈을 포함하는 다수의 유전자들이 있어 다수유전자(multiple gene)라 한다. DNA 분자 속에 한 부분에 몇 개의 운반 RNA 유전자가 뭉쳐서 나타난다. 핵 속에서 운반 RNA 로 복사된 후 적당히 수정되어 기능을 가진 운반 RNA로 성숙된다.

운반 RNA(tRNA)에 존재하는 안티코돈(anti-codon)

성숙된 운반 RNA는 2차원적 구조로 클로버 잎 모양을 보여 주는데, 특이한 점은 전령 RNA와 달리 분자 내 염기가 서로 상보적이라 짝을 지어 이중 나선을 이루는 부분이 많다. 중앙에 짝을 못 이루는 부분에 3개의 염기가 노출 되어 있는데 전령 RNA 에 있는 코돈과 서로 상보적 이어서 번역과정에서 잠시 짝을 형성 하면서 코돈의 설계 도안에 따라 특정한 아미노산을 운반하여 준다. 운반 RNA에 있는 전령 RNA 코돈에 상보적인 3개의 염기 서열을 안티코돈(anticodon)이라고 한다(그림 10-2). 전령 RNA 코돈과 운반 RNA 안티코돈 사이의 짝은 정확하게 일어나서, 그 결과 번역과정에서 잘못된 아미노산이 삽입되는 오차는 있을 수 없다. 또한 운반 RNA의 안티코돈에 따라서 운반하는 아미노산 종류가 결정된다. 번역과정은 (1)시작단계, (2)연장단계, (3)종결단계를 거치면서 완성된다(그림 10-3).

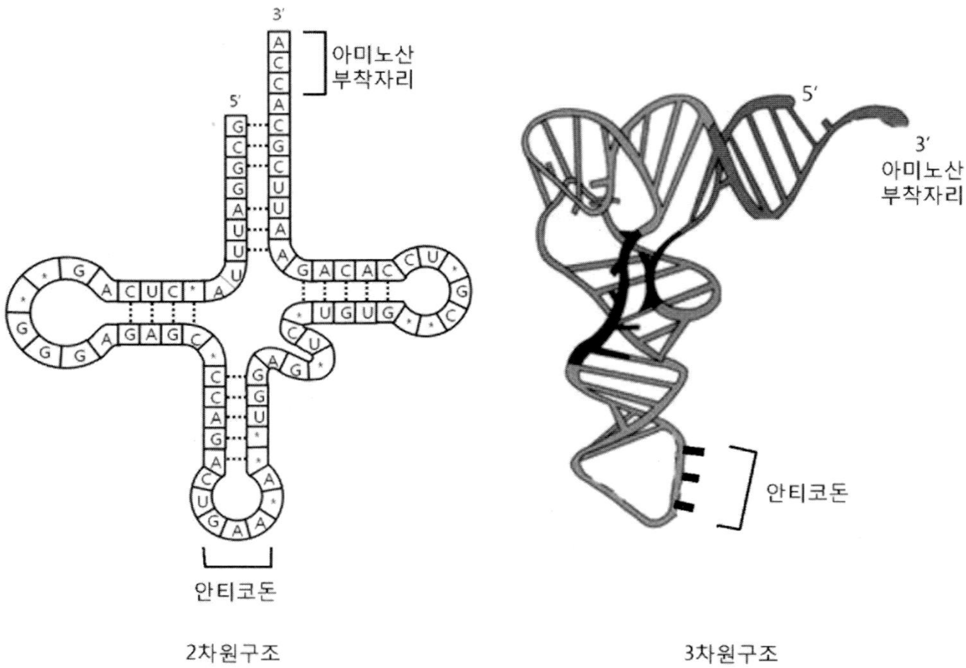

그림 10-2. 운반 RNA의 구조와 안티코돈

시작(Initiation) 단계(그림10-3a)

리보솜과 첫 번째 운반 RNA가 전령 RNA에 결합하는 단계이다. 리보솜은 분자량이 작은 단위와 분자량이 큰 단위로 되어있는데, 먼저, 작은 단위의 리보솜이 전령 RNA와 결합하면, 메티오닌을 가진 운반 RNA가 전령 RNA에 가서 붙게 된다. 다음에 큰 단위의 리보솜이 결합하여 완전한 리보솜을 이루면서 번역의 시작 단계가 완료된다. 이때, 전령 RNA의 시작 코돈은 5'AUG3'이며 첫 번째 결합하는 운반 RNA가 가지는 시작안티코돈이 3'UAC5'이어서, 서로 상보적 염기 짝을 이루어 잠시 결합할 수 있다.

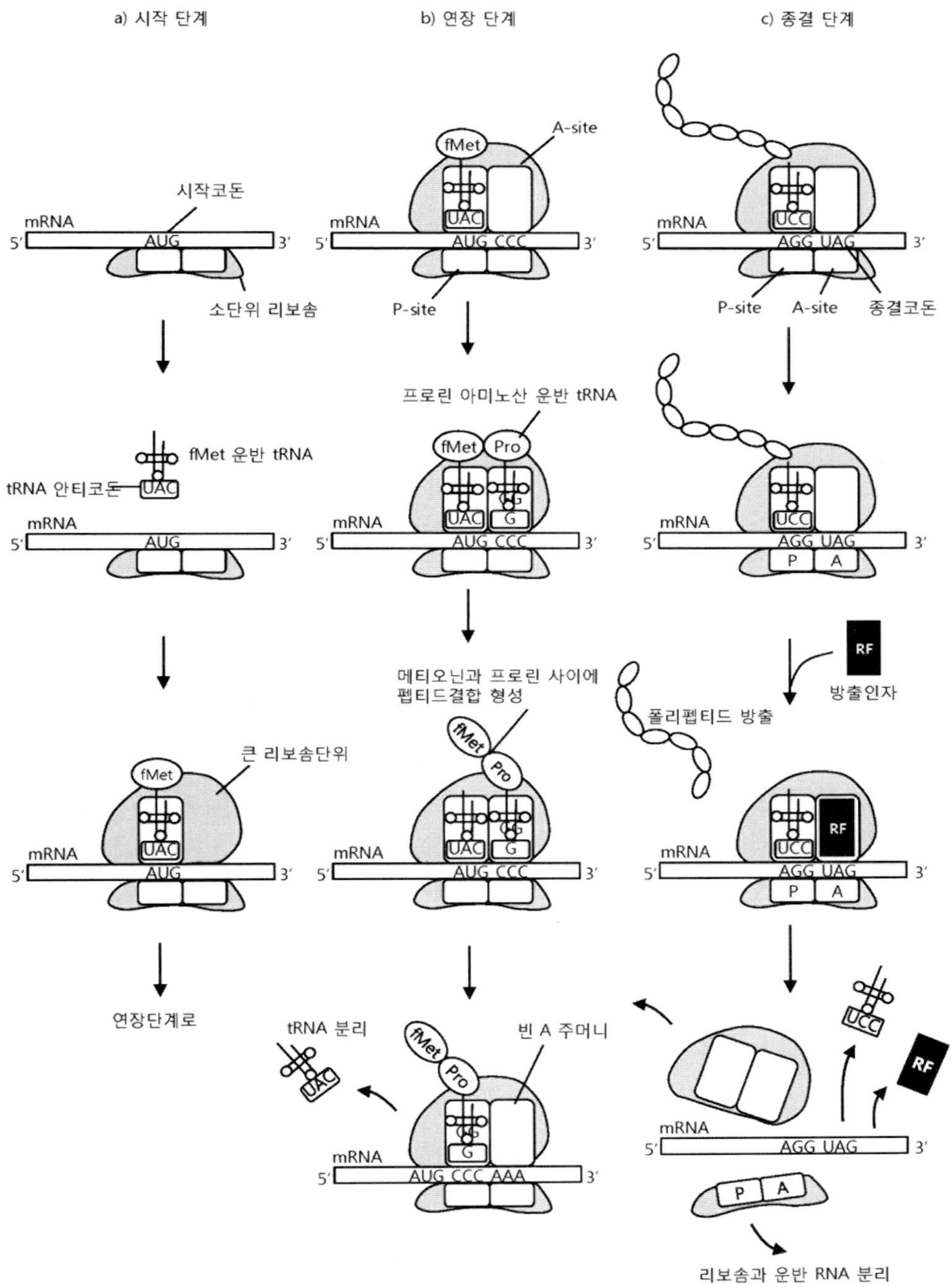
a) 시작 단계
b) 연장 단계
c) 종결 단계
A-site
fMet
시작코돈
mRNA
5′
3′
AUG
UAC
AUG CCC
UCC
AGG UAG
소단위 리보솜
P-site
A-site
종결코돈
프로린 아미노산 운반 tRNA
fMet 운반 tRNA
tRNA 안티코돈
Pro
P
A
RF
방출인자
메티오닌과 프로린 사이에
펩티드결합 형성
폴리펩티드 방출
큰 리보솜단위
연장단계로
tRNA 분리
빈 A 주머니
AUG CCC AAA
리보솜과 운반 RNA 분리

그림 10-3. 번역과정

연장(Elongation) 단계(그림 10-3b)

특정한 아미노산을 가진 운반 RNA가 리보솜에 들어가서 운반하는 아미노산을 자라는 단백질에 전달하는 단계이다. 리보솜의 큰 단위에는 2개 주머니가 있는데 A 주머니와 P 주머니이다. P 주머니에는 자라는 단백질을 잡고 있는 운반 RNA가 들어있는 곳이고, A 주머니에는 새로운 아미노산을 전달하는 운반 RNA가 안착하는 곳으로 나란히 근접해 있다. A와 P 주머니가 채워지면 리보솜은 새로 들어오는 아미노산과 자라는 단백질을 연결하는 펩티드 연결고리를 만드는 반응을 촉매 한다. 새로운 아미노산이 자라는 단백질에 연결된 후, 리보솜은 전령 RNA를 미끄러져 내려가서 새로운 코돈이 A주머니로 들어오게 된다. 그러면, 코돈에 상보적인 안티코돈을 가진 운반 RNA가 A 주머니에 들어와서 새로운 아미노산을 운반한다. 이 과정이 계속 반복된다.

종결(Termination) 단계(그림10-3c)

전령 RNA에 있는 종결코돈, 5'UAA3', 5’UGA3’, 5’UAG3’중 어느 하나가 A 주머니에 들어가서 번역이 끝나는 과정이다. 리보솜이 전령 RNA를 따라 미끄러져 가다가 종결코돈이 A 주머니 안에 들어오면 방출인자가 리보솜으로 들어가서 자라는 단백질을 끊어 번역과정을 종결한다. 번역이 끝난 후, 생산된 단백질은 약간 수정이 되고 꾸겨져서, 기능을 가진 단백질로 태어난다. 때로는 몇 개의 단백질들이 서로 규칙적으로 엉켜서 기능을 나타내는 단백질 뭉치도 있다.

유전자 발현 조절

사람의 몸은 머리, 몸통, 팔과 다리로 구성되어 있고 내부는 심장, 폐, 간과 뇌 등의 기관으로 되어있다. 이 모든 기관을 이루는 세포들은 부모로부터 물려받은 한 개의 수정란이 수많은 세포 분열을 통하여 400조 개의 세포로 증식된다. 이는 400조 개의 모든 세포는 부모로부터 물려받은 같은 유전물질(유전자)을 가지고 있다는 것을 의미한다. 그러나 발생과정을 통하여 세포의 형태는 다르고 각기 다른 기능을 나타내는 기관으로 발전한다. 같은 유전자를 가진 세포들이 모양과 기능이 다른 기관으로 분화가 어떻게 일어날까?

유전자 속에 포함된 유전 암호에 따라 그 최종 산물인 단백질을 만드는 것을 유전자 발현이라 한다. 따라서 유전자를 내포 하고 있는 DNA는 어떤 단백질을 합성하는가를 결정하는 반면, 단백질은 생물의 형질을 결정하고 분화된 세포의 특별한 기능을 나타내도록 한다. 한편으로는 유전자 발현과 단백질 합성을 포함하는 세포분화는 가지고 있는 총 유전자들 중에서 어떤 유전자들은 발현하고 나머지 유전자들은 발현하지 못하도록 조정하여 선택적 유전자 발현을 통하여 이루어진다. 그러면 유전자 발현조절이 우리 몸에서 어떻게 일어날까?

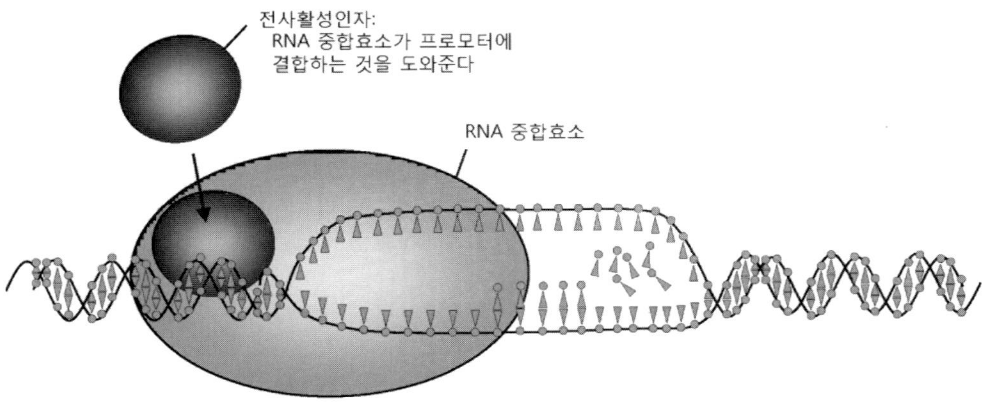

그림 10-4. 유전자 발현 활성화

전사활성인자(단백질)가 유전자 가까이 있는 전사활성인자가 결합하는 DNA 부위에 결합하면 RNA 합성효소가 그 유전자의 프로모터에 접근하고 전사하여 전령 RNA를 만들고 세포질 속으로 이동하여 단백질을 합성한다. 이 같은 단백질을 전사활성인자라고 한다. 따라서 전사활성인자가 DNA에 결합하지 않으면 RNA 합성효소가 프로모터에 접근할 수 없고 그 결과 전령 RNA가 못 만들어져 그 유전자를 발현할 수 없다. 따라서 그 유전자의 최종산물인 단백질을 만들 수 없게 된다(그림 10-4). 유전자 발현 조절은 우리 몸의 세포로 하여금 두 가지 큰일을 수행하게 하는데, 그 하나는 변화된 환경에 우리 몸을 잘 적응 할 수 있도록 한다. 우리 주위 환경은 항상 변하고 있다. 우리는 생명을 유지하기 위하여 변화된 환경 신호에 잘 대처할 수 있어야 한다. 우리 몸의 세포는 변화된 환경에 잘 적응할 수 있게 하는 단백질을 합성하도록 유전자를 발현시킨다. 유전자 발현조절은 또 다른 중요한 일을 성취하는데, 즉 세포분화를 통하여 각 분화된 세포가 특별한 기능을 수행할 수 있도록 한다.

환경과 유전자 발현 조절

우리가 햇볕을 쬔다고 가정해 보자. 햇볕을 많이 받으면 세포는 우리 피부를 보호하기 위하여 검은 색소인 멜라닌 단백질을 만드는 유전자 근처에 전사활성인자가 결합하고, RNA 합성효소가 그 유전자의 프로모터에 접근하여 전령 RNA를 합성하면, 멜라닌 단백질이 생산되어 피부가 검게 되어 햇빛을 차단해서 우리 몸을 보호한다.

유전자 발현조절과 세포분화

우리 몸은 피부세포, 근육세포와 신장세포 등 200가지 이상의 다른 종류의 세포들로 이루어져있다. 이들 세포들은 세포분화를 통하여 각기 특수한 기능을 나타내도록 특수화되는데 이는 유전자 발현 조절에 의하여 이루어진다. 즉 특정한 기능을 나타내는데 필요한 단백질을 만드는 유전자를 발현하도록 하고, 관계없는 유전자들은 발현 못하도록 조절하기 때문이다. 이는 필요하지 않은 유전자는 발현을 못하게 함으로써 세포가 가지고 있는 에너지와 자원을 절약한다. 예로서 피부세포는 케라틴 단백질만 합성함으로써 피부를 탄탄하게 하여 미생물의 침입을 막는다. 심장세포는 심장의 수축 운동을 하기 위하여 수축운동에 필요한 액틴과 미오신 단백질을 생산하는 유전자들만 발현하게 하고 다른 유전자는 발현 못하게 조절한다.

(Tip) 유전자 발현에서 남성과 여성의 차이

남성과 여성은 모두 46개의 염색체를 가지고 있다. 여성은 남성이 되는데 필요한 모든 유전자를 46개 염색체 상에 흩어져 가지고 있는데 사실은 한 개의 유전자만 없다. 이 유전자는 Y 염색체에 존재하는 SRY 유전자로서 정소유전자를 활성화시키는 전사활성인자(단백질들)를 만드는 유전자이다. 수정 후 배아가 발생을 시작하여 약 6주까지는 남성과 여성의 태아는 같으나, 이후부터 SRY 유전자가 발현되어 정소전사활성인자가 생산되고, 정소를 합성하는 유전자에 결합하여 전사를 일으켜 남성호르몬을 생산하게 된다. 이 호르몬은 남성이 되기에 필요한 여러 유전자를 발현시켜 남성이 태어나게 된다. 여성인 경우는 남성에 필요한 많은 수의 유전자를 가지고 있으나 Y 염색체가 없어 Y 염색체에 존재하는 SRY 유전자가 없기 때문에 결국 남성이 되기에 필요한 유전자들이 발현하지 못하여 여성이 된다. 즉 하나의 전사 활성인자의 단백질이 없어 여성으로 남게 된다.

제 11장 돌연변이(Mutation) - 유전병의 원인제공 - 생물진화의 원동력

돌발적인 행동이나 생각을 하는 사람을 우리는 돌종(돌연변이 종)이라고 부른다. 즉 그 사람에게 특별한 비정상적인 무엇이 일어났다는 것을 암시한다. 실제로 돌연변이는 유전자를 구성하는 DNA상의 염기서열이나 DNA 구조, 혹은 염색체의 구조에 변화를 초래하는 것을 말한다. 즉, DNA상의 돌연변이는 전령 RNA에 변화를 초래하고, 이는 곧, 단백질의 변화를 가져 온다. 단백질이 변하면, 세포는 기능을 상실하거나 변화가 일어나, 그 결과, 생물의 형질이 변하게 된다(그림 11-1). DNA상의 돌연변이는 번역시 아미노산의 종류나 서열에 변화를 초래하여, 원래의 기능을 상실하거나, 혹은, 전혀 새로운 기능을 가진 단백질을 생산한다. 어떤 유전자의 돌연변이는 기능이 없는, 또는 변화된 형질을 나타내는 대립유전자를 만든다. 돌연변이에 의하여 만들어진 새로운 유전자를 가진 생물은 때로는 변화된 지구환경에 더욱 적합하여 잘 적응할 수 있어, 선택되고 잘 번식하여 대표 집단으로 발전한다. 반면에 기존에 존재하는 정상적인 집단을 이루는 생물 종은 변화된 환경에서 생존하는데 더욱 불리하게 되어 결국에는 지구에서 사라지게 된다. 돌연변이는 일반적으로, 체세포 분열이나 생식세포를 만들 때 일어나는 감수 분열 시에 DNA 복제 과정에서 부모가닥을 복사하여 딸 가닥을 합성할 때 드물게 일어나는데 이를 우연돌연변이(spontaneous mutations) 라고 한다. 우연돌연변이는 생명체가 새로운 환경에 적응해서 일어나는 것이 아니고, 새로운 환경에 접하기 훨씬 전에, 즉 새로운 환경이 나타나기 전에 우연히 일어난 변이인 것이다. 예를 들면 항생제인 페니실린은 1900년대 초(1928)에 발견되어 세균감염에 의한 병을 치료하는 약으로 사용되었는데 페니실린을 사용하기 훨씬 전에 채집한 세균 중에서도 페니실린에 내성을 가진 세균이 이미 존재하는 것을 발견하였다. 이 같은 사실은 세균이 페니실린 항생제를 접하기 이전에 우연히 유전물질의 변화가 일어나 페니실린 저항성을 가진 새로운 변이 세균이 생겼다는 것을 의미한다. 따라서 변화된 자연환경은 그 당시에 서식 하고 있는 생물 중에서 변화된 환경에 적합한 생물(새로운 변이 유전자를 가진 생물)은 더욱 잘 번식하여 대표집단으로 되고 적합하지 못한 생물(기존의 유전자를 가진 생물)은 도태되어 멸종하게 된다. 이를 자연선택이라 하고 돌연변이에 의하여 탄생된 새로운 유전자 구성을 가진 돌연변이종이 자연선택의 힘이 작용할 수 있는 대상인 재료가 된다. 이는 곧 생물진화의 원동력이 되는 셈이다. 돌연변이 종류를 보면,

염기치환 돌연변이

이중나선 DNA가 복제할 때 우선 두 가닥이 풀어져 서로 떨어지면 DNA 중합효소가 부모의 한 가닥을 주형으로 하여 딸가닥을 복제한다. 이때 극히 드물게 부모가닥의 염기에 상보적인 염기 대신에 전혀 다른 염기를 치환하여 복제가 된다. 치환된 딸가닥이 다시 복제 하게 되면, 부모와 다른 염기 구성을 가진 DNA가 된다. 예를 들어 부모가닥에 염기가 아데닌(A)이면 딸 가닥에는 상보적 염기 티민(T)이 와야 하는데, 잘못하여 시토신(C)이 치환되는 것이다.

이 치환된 딸가닥이 복제하게 되면, 결과적으로 부모의 A:T 짝이 딸 DNA에서는 완전히 다른 C:G 짝으로 치환하게 된다(그림8-7). DNA상에 염기가 다른 염기로 치환되면 결국 전령 RNA(mRNA)의 코돈에도 변화가 일어나 원래와 다른 아미노산이 대신 들어가는데, 치환되는 아미노산의 종류와 치환되는 장소에 따라 원래 단백질의 기능에 미치는 영향이 다르다(그림11-1). 원래의 아미노산과 화학적 성질이 너무 다른 아미노산이 치환되면 기능을 상실할 것이요, 삽입되는 장소가 별로 중요하지 않으면 기능에 별 영향을 주지 않을 것이다. 공교롭게도 치환하는 염기로 인하여 종결코돈이

형성되면, 완전치 못한 단백질이 생산되어 기능을 상실하게 된다. 이를 종결코돈 돌연변이라고 한다(그림11-1b).

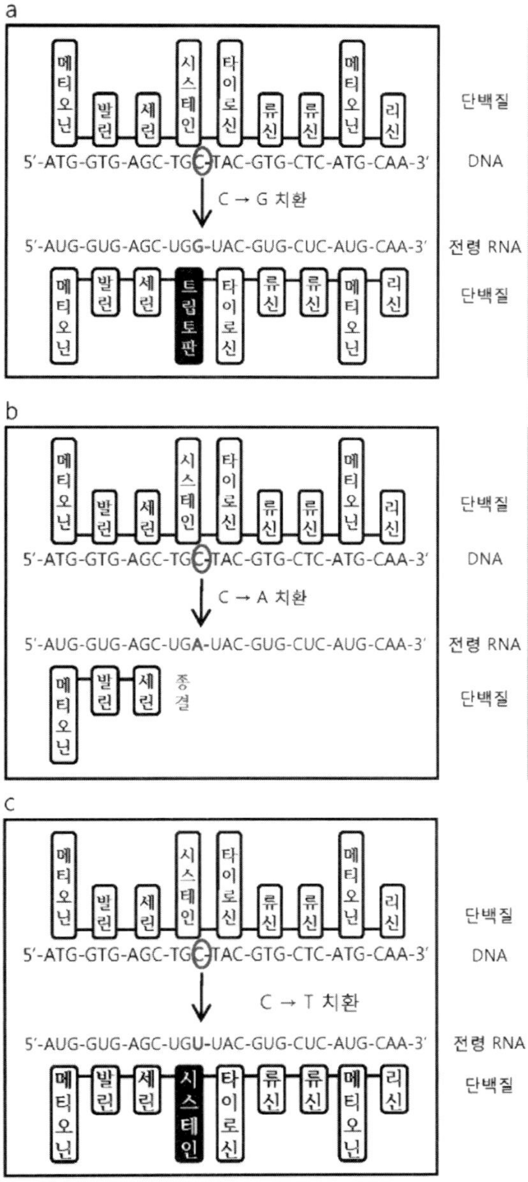

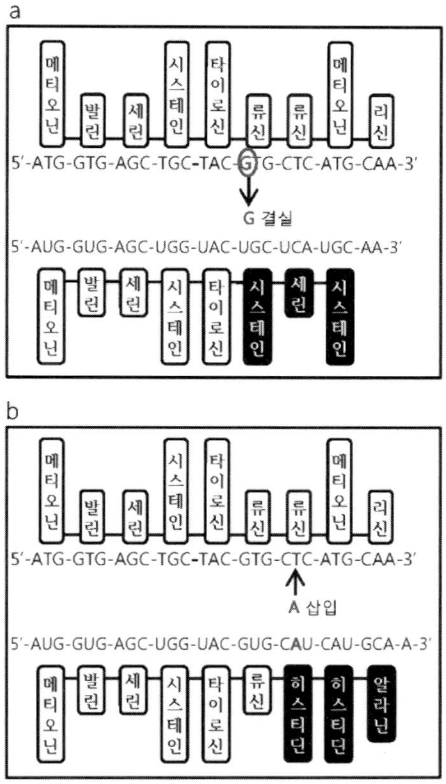

그림 11-1. 염기치환 돌연변이

그림 11-2. 해독틀 돌연변이

해독틀 돌연변이

부모가닥을 주형으로 하여 딸가닥을 복제할 때, DNA 중합효소가 잘못하여 부모가닥에 있는 염기를 한 개를 빼거나, 혹은, 한 개의 염기를 중복하여 복제하게 되면 복제된 딸가닥은 염기가 하나 빠진 가닥이 되든지 혹은 염기가 하나 추가된 가닥이 된다. 전령 RNA에 있는 코돈은 3개 염기를 묶어 하나의 단어로 읽는데, 한 개의 염기가 빠지거나 혹은 더하면, 그 장소로부터 해독하는 틀이 바뀌어 전혀 다른 단어 즉 다른 아미노산들이 삽입되어 다른 종류의 단백질을 생산하게 된다. 이 경우에도 해독틀이 바뀔 때 종결 코돈이 생길 수 있다(그림 11-2). 이와 같이 한 개의 염기가 변하여 일어나는 변이를 점돌연변이(point mutation)라고 한다.

염색체 이상

염색체의 수나 구조의 변화는 유전자의 변이를 초래하고 유전병을 일으킬 수 있다. 따라서 체세포분열이나 생식세포를 형성할 때 감수분열에서 상동염색체가 분열세포 중앙에 쌍을 지어 나열할 때 상동염색체 사이에 교차(crossing-over)가 일어나(그림 11-3) 염색체 일부를 서로 교환한다던가 혹은, 염색체의 일부를 상실한다던가, 순위가 정반대로 붙는 경우(그림 11-4) 등 염색체 구조에 큰 변화를 가져 오게 되는데 이를 염색체 이상이라 한다. 대규모의 염색체의 변이는 태아의 자연유산을 유발하고, 태어난 유아는 발달장애를 지닌다. 예로서 감수분열 때 상동염색체가 서로 분리되지 않고 같은 생식세포로 가게 되면, 한 생식세포는 염색체 한 개를 더 가지게 되고, 다른 생식세포는 한 개를 완전히 상실하게 된다. 한 개를 상실한 생식세포는 수정 후에 죽게 된다. 반면, 한 개를 더 가진 생식 세포의 경우 수정 후 태어난 아이는 큰 결함을 갖는다(그림 11-5).

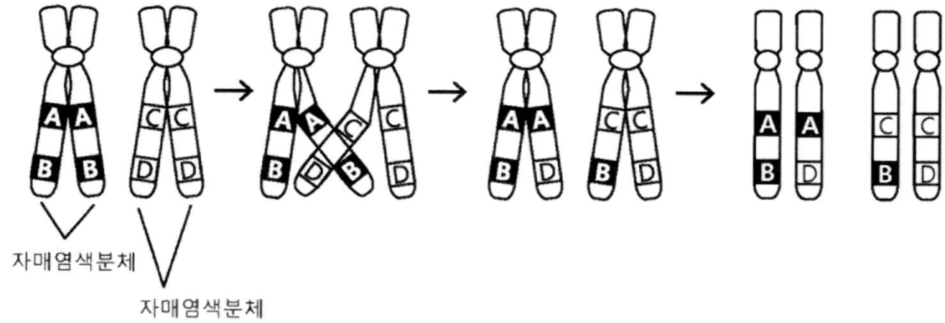

그림 11-3. 염색체 이상 - 교차

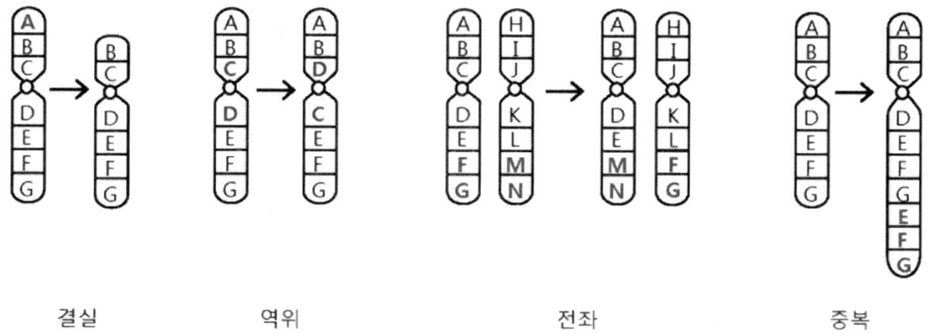

그림 11-4. 염색체 이상 - 결실, 역위, 전좌, 중복

(Tip) 다운 증후군(Down Syndrome) 이란?

다운증후군은 생식세포 형성과정에서 상동염색체 쌍이 불균형 분리의 결과로 일어나는데, 사람에서 Down syndrome이라는 선천성 질병이 있다. 사람 핵형의 21번 염색체가 3개가 있어 유래된 유전병으로 Trisomy 21이라고도 하는데 정신이상과 발생결함을 가진다. 이와 같이 염색체 이상은 DNA 구조에 큰 변화를 초래하여 생물은 죽거나 아니면 살아도 치명적인 결함을 동반하게 된다(그림11-5).

(Tip) 돌연변이 유발물질이란?

돌연변이를 유발하는 빈도를 높이는 화학적 물질이나 물리적인 방사성 조사 등이 있는데 방사선에는 X-선, γ-선과 자외선 등이 포함되고 많은 화학 물질이 있다. 많은 돌연변이 유발 원 중에는 암을 유발하는 발암원 이기도 하다.

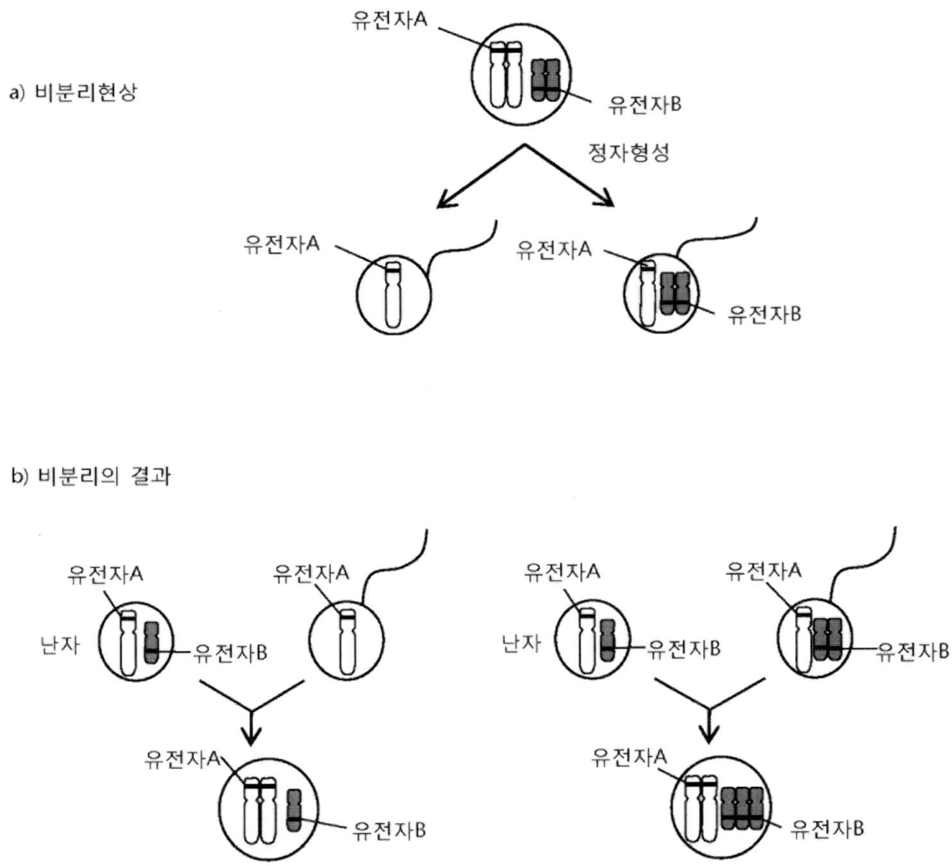

그림 11-5. 염색체 이상 - 비분리 현상

(Tip) 개체다양성

같은 부모에서 태어난 형제자매들의 모습과 성격 등을 비교 해보자. 자세히 보면 형의 눈은 어머니의 눈을 닮았고 코는 아버지의 코를 닮았으나 아우의 입매는 어머니를, 이마는 아버지의 이마를 닮았다. 전체적으로는 두 형제는 부분적으로 부모와 서로가 좀 닮았다고 생각된다. 그러나 형제들이나 자매들이 확연히 서로 다르다. 이와 같이 개체 간에 서로 다르고 특이한 모습을 개체다양성이라 한다. 그러면 같은 부모에서 태어난 자손들은 유전적으로 보면 부모와 자손 간에 더 많이 닮아야

하는데 왜 개체다양성이 생겼을까? 우선 한 개의 수정란이 수많은 체세포 분열을 통하여 400조 개의 체세포로 증식하였다. 이는 곧 한 세트의 유전물질 DNA도 수많은 DNA 복제를 통하여 400조 개의 DNA 세트로 복제되는 과정에서 수많은 DNA 합성 잘못이 일어나 많은 우연돌연변이가 축적되었을 것이다. 또한 수많은 생식세포 형성에서도 DNA 복제가 수반되는데 여기서도 우연돌연변이가 일어난다. 따라서 같은 부모로부터 생산된 정자나 난자들은 처음부터 서로 조금씩 다른 DNA를 가지게 된다. 이는 각기 다른 수정란은 처음부터 사람 종의 전체적인 형질을 결정하는 유전자를 가지고 있으나 소수의 다른 변이를 포함하는 DNA를 물려받은 정자와 난자가 수정하는 것이다. 이 또한 무한한 유전적 다양성을 생산하는 과정이라고 생각 된다. 또한 생식세포 생산과정에서 상동 염색체와 자매 염색분체가 서로 독립적이고 무작위로 양 딸 세포로 분리되는 양상은 더욱 다양한 정자나 난자를 생산하여 개체 다양성을 초래하게 된다. 개체다양성은 큰 재해나 변화에 대하여 다양하게 대처 할 수 있어 사람종이 계속 존재하는 데 큰 이점이 될 수 있다. 어떤 유행병이 성행할 때 개체다양성이 없다고 하면 인류가 모두 멸망할 수도 있으나 개체다양성 때문에 유행 질병에 대항하여 살아남을 수 있다는 장점도 있다.

제 12장 유전자 병 - 유전자의 변이에 의한 결함(병) - 선천성 유전병과 유전자 병 - 맞춤의학시대

우리 몸은 210여 개 종류의 세포가 400조개 모여 이루어져 있다. 각각의 세포에는 30억 쌍의 염기를 포함하는 거대한 DNA 분자가 46개의 DNA 분자로 나뉘어져 있는데, 대략 21,000여 개의 유전자를 포함하고 있다. 이들 건전한 유전자들이 생산하는 21,000여 개의 단백질들이 상호작용하고 협력하여 건강한 사람의 모습과 발전된 기능을 가진 인간을 연출한다. 그러나 여러 가지 원인으로 유발된 유전자의 결함으로 인하여 생기는 병을 유전자 병이라고 한다. 유전자 병에는 그 병이 다음자손으로 물려주는 선천성 유전병과 다음 자손으로 전달되지 않고 자기 세대에만 영향을 미치는 유전자 병이 있다. 우리 몸을 구성하는 세포에는 발생과정을 통하여 우리 몸의 조직과 기관을 이루는 수많은 체세포와 수는 적지만 앞으로 난자와 정자를 형성하는 생식세포가 있다. 만약에 생식세포에 있는 유전자에 결함이 생기면 유전자 결함으로 인한 유전자 병이 다음 자손으로 전달 될 수 있다. 또한 발생초기에 배아의 체세포 유전자의 결함으로 인한 유전자 병은 그 개체의 성체에만 나타나지만 자손으로 전달되지 않는다. 대부분 체세포에서 일어나는 유전자 결함은 유해하지 않다. 그러나 드물게 세포성장이나 세포분열을 조절하는 유전자들을 파괴하는 경우에는 우리 몸을 구성하는 단 한 개의 체세포에서 일어나더라도 암이라는 심각한 결과를 초래 한다. 우리 몸을 이루는 세포는 한 쌍의 대립유전자를 가지는데 하나는 아버지의 정자로부터, 다른 하나는 어머니의 난자로부터 물려받아서 한 쌍을 이루는 것이다. 일반적으로 유전자 병은 열성이어서 한 쌍의 유전자가 동시에 결함을 가질 때 발생하게 된다. 한 쌍의 유전자 중에 하나는 건전하고 다른 하나의 유전자만이 결함을 가지면 외견상으로는 정상이지만 결함이 있는 한 개의 유전자를 가지고 있어 "보인자"라고 한다. 따라서 같은 혈통 내에서 보인자 사이의 근친결혼은 열성인 결함 유전자가 한 쌍이 될 수 있는 확률이 높아져 자손 중에 선천성 유전병을 가진 자손을 낳게 된다. 선천성 유전병 중에는 단 한 개의 유전자 결함에 기인하는 경우에는 대부분이 열성 유전자이기 때문에 병의 증상은 결함 유전자가 쌍일 때 나타난다. 표 12-1에는 단일 유전자의 결함에 기인되는 선천성 유전병의 종류와 증상과 발병빈도에 대하여 설명한다.

표 12-1. 선천성 유전병

유전병종류	원인 및 증상	빈도
낭포성섬유증 (cystic fibrosis:CF)	폐에 점액이 차서 호흡곤란. 폐에 세균감염. 7번 염색체에 있는 유전자(CFTR) 결함 (CTT 염기서열 결손).	1/2,500(백인) 아시아계에는 드물다.
뒤시엔발육장애 (Duchenne muscular dystrophy:DMP)	5세 쯤 되도 바닥에서 일어나거나 계단을 올라가는 것 조차 힘겨워한다. X 염색체에 있는 유전자가 결함(dmd).	1/3,000
페닐케토뇨증 (phenyl ketourea: PKU)	아미노산 페닐알라닌을 분해할 수 없다. 소변에 페닐알라닌이 많이 포함. 12번 염색체에 있는 페닐알라닌 수산화효소의 유전자(PAH) 결함. 뇌발달 저해. 정신장애	1/5,000
혈우병(hemophilia)	혈액응고가 안됨. X 염색체에 있는 유전자 결함.	1/10,000(남)
겸형적혈구빈혈증 (Sickle cell anemia)	헤모글로빈 단백질을 구성하는 베타사슬에 결함. 산소운반에 지장.	1/400(US흑인) 아프리카인 흔함
취약 X염색체 증후군 (Fragil X)	지능지수가 낮고 턱과 귀가 크고 긴 얼굴. 화를 잘 낸다. -정신장애 정상유전자가 돌연변이 유전자의 영향을 막지 못한다. 반성유전양상(X 염색체에 존재)	1/1,500(남) 1/3,000(여)
아데노신탈아미노효소 결핍증 (adenosine deaminase deficiency:ADD)	효소가 없으면 면역결핍. 면역세포인 T-와 B-세포의 결핍. 효소의 유전자(ADA) 결함	드물다
알츠하이머병 (Alzheimer desease)	콜레스테롤 대사에 관계하는 단백질 E의 유전자, 아폴리포 단백질을 만드는 유전자가 발병증가 기억상실, 치매	
헌팅턴 병 (Huntington desease)	신경질환 -뇌기능 퇴화, 기억상실, 팔다리통제 상실. 4번 염색체에 있는 우성유전자의 결함, 유전자 내에 CAG(글루탐산)가 35회 이하 반복 정상. 40회 이상 반복되면 20세 이후 발병. 60회 이상 반복일때는 20세 이하에서 발병	1/10,000
중증합병성면역결핍증 (Severe combined immunodeficiency disorder:SCID)	면역세포인 B세포와 T세포를 생산하지 못하여 면역결핍. X-성염색체에 있는 유전자(IL2RG) 결함. 20% 환자가 ADD 때문이다.	
천식	11번 염색체에 있는 유전자의 결함	
유방암	유방암 위험이 높은 가계-유방암 유전자 존재. 17번 염색체에 있는 결함유전자 -BRCA1 유전자. 13번 염색체에 있는 결함유전자 -BRCA2 유전자. 유방암 발병의 빈도를 증가	

다수 유전자 결함으로 인한 유전자 병

여러 개의 유전자들이 관여하여 일어나는 유전자 병으로 크게 두 형으로 나눌 수 있다. 한 가지 형은 여러 개의 유전자 결함을 가진 다수의 유전자들이 상호작용을 하여 나타난다. 각 유전자가 미치는 영향은 미약하나 환경요인에 따라서 그 영향이 달라진다. 여기에는 언청이, 척추피열, 당뇨병, 고혈압, 선천성 심장병, 우울증, 정신분열증과 암의 일종이 속한다. 특별히 암은 몇몇 유전자에 돌연변이가 생김으로써 나타나는 유전자 병으로 각각의 돌연변이는 세포의 성장과 분열에 영향을 미치며 그것들이 축적되면서 결국 암세포로 변하는데, 유전자와 환경 사이에 복잡한 상호작용이 뚜렷하게 나타나는 질병이 암이다. 다른 하나의 형은 전체의 염색체가 여분으로 하나 더 존재함으로 발생하는 결함이다. 대부분의 경우에는 유산 되거나 어린 시기에 죽게 되는데, 소수가 살아남는 경우도 있다. 가장 잘 알려진 예가 다운증후군으로 배우자의 발생과정에서 세포분열이 일어날 때 21번 염색체가 분리가 일어나지 못하여 3개가 존재할 경우에 일어나는 결함으로 정신박약을 초래한다. 800명 중에 1명 꼴로 태어나는데 임산부의 출산연령이 높을수록 그 빈도가 증가한다(그림11-5). 성염색체도 여분의 염색체를 더 가지는 경우가 있는데 XXY인 남성은 클라인펠터 증후군으로 부르며 남성생식기를 가지나 정소는 작고 불임이다. 1,000명 중에 1명으로 태어나고 특히 XYY 개체는 폭력적인 범죄를 일으킬 경향을 가진다. 한 개의 X 염색체를 가지는 XO는 터너 증후군 이라고 하며 5,000명 당 한 명 꼴로 출생한다. 생식기관이 성숙하지 않아 불임이다.

결혼과 신생아의 유전병 상담지도

우선 가까운 근친가족 사이의 결혼은 유해한 열성인 유전자가 모여 한 쌍이 되어 선천성 유전병을 가진 아이나 기형아를 출산할 가능성이 높다. 또한 혈통이 전혀 다른 가족에 속하더라도 같은 종류의 선천성 유전병력을 가진 사람들은 결혼이나 아이를 낳는 것을 피하는 것이 현명하다. 요사이는 유전자 검색 방법도 간단한데 예를 들어 낭포성섬유증 병력을 가진 가족의 건강한 자손이 결함이 있는 유전자를 보유하고 있는지를 쉽게 알 수 있다. 검색하고자 하는 유전자의 존재를 일종의 유전자 검색 탐침을 이용하여 DNA 융합조사나 PCR 분석을 통하여 알 수 있다. 또한 임신 초기에 양수를 채취하여 그 속에 있는 태아의 세포로부터 염색체 이상(다운증후군)이나 혹은 열성결함 유전자가 존재하는가를 알 수 있다.

유전자 치료

우리 몸의 조직이나 기관에 있는 결함유전자를 건전한 유전자로 바꾸어 줌으로써 결함을 고칠 수 있는데, 우리 몸의 한 부분에서만 일시적으로 결함을 고칠 수 있으나 유전되지 않고, 생식세포의 DNA 속에 있는 결함유전자는 여전히 남아있어 다음 자손으로 유전된다.

유전자 치료가 성공하기 위해서는 우선 건전한 유전자를 찾아내야 하고(클로닝), 찾아낸 건전한 유전자를 병든 조직세포 속으로 전달하여야 한다. 그리고 전달된 건전한 유전자와 병든 조직세포의 염색체에 있는 결함유전자 사이에 상호 교환이 일어나 건전한 유전자가 염색체 속에 안전하게 자리를 잡아 발현이 일어나야 한다. 이 경우 건전한 유전자의 전달 수단으로 사람에 감염하여 감기를 일으키는 아데노바이러스나 혹은 면역세포에 감염하는 레트로바이러스가 이용된다. 유전자 치료가 가능하게 된 것은 근래에 유전자 재조립 기술의 발전이 크게 공헌하였다. 실제로 낭포성섬유증의 경우, 건전한 유전자를 분리한 후 병원성을 없앤 아데노바이러스 DNA 속에 삽입시킨 재조합 아데노바이러스를 만들어, 폐 조직세포에 감염시킨 결과 낭포성섬유증을 치료 할 수 있었다. 앞으로 재조합 아데노바이러스를 코를 통하여 분무로 감염시켜 낭포성섬유증의 치료도 가능할 것이다(그림 12-1).

그림 12-1. 낭포성섬유증의 치료, 낭포성섬유증은 CFTR 유전자의 돌연변이로 발생한다. 아데노바이러스의 유전체에 건강한 CFTR 유전자를 클로닝해서 환자의 코로 스프레이 하면 아데노바이러스가 유전자를 폐 등의 부위로 전달하는 방법이다. 재조합 아데노바이러스는 스프레이 분무방식으로 감염시킨다.

또 다른 유전자 치료의 성공한 예로서, 재조립 레트로바이러스를 이용한 경우인데, 중증합병성면역결핍증 환자 중에 약 20%는 아데노신 탈아미노효소 결핍에 의하여 기인된다. 먼저 병원성을 없앤 레트로바이러스 유전물질 속에 건전한 아데노신 탈아미노효소 유전자(ADA)를 포함하는 재조합 레트로바이러스를 준비한다. 다음으로 환자로부터 골수세포를 채취하여 실험실에서 배양하여 충분한 수의 골수세포가 되면, 앞의 ADA 유전자를 가진 재조합 레트로바이러스를 감염시킨 후, 감염된 골수세포 중에서 재조합 레트로바이러스 유전물질이 안착된 골수세포를 골라서 혈관을 통하여 환자의 몸속으로 주입한다. 소수의 아이들이 이 방법으로 면역 결핍증을 고쳐서 정상적인 생활을 하고 있다(그림12-2).

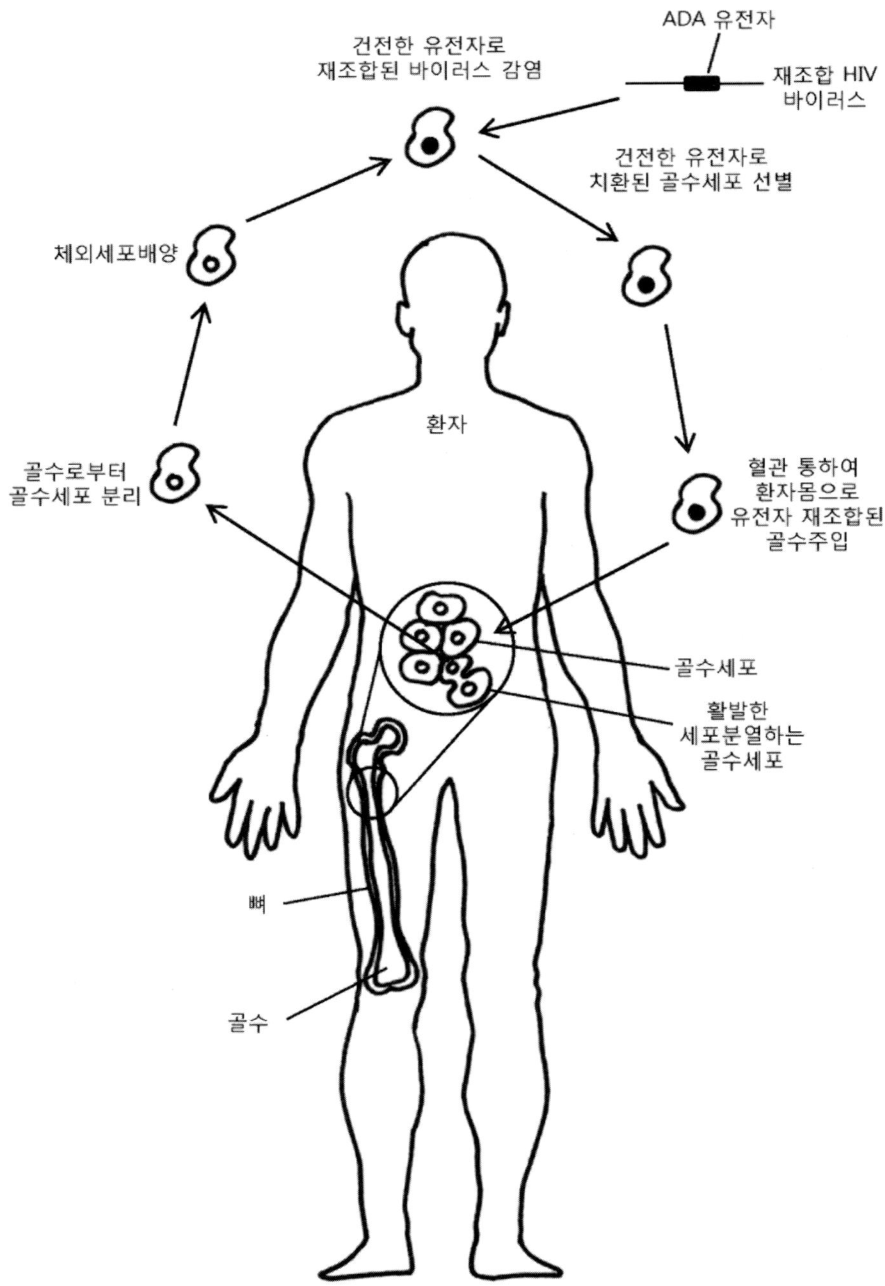
ADA 유전자
건전한 유전자로
재조합된 바이러스 감염
재조합 HIV
바이러스
건전한 유전자로
치환된 골수세포 선별
체외세포배양
환자
골수로부터
골수세포 분리
혈관 통하여
환자몸으로
유전자 재조합된
골수주입
골수세포
활발한
세포분열하는
골수세포
뼈
골수

그림 12-2. 유전자 치료

(Tip) 인간 유전체(human genome)

한 종이나 개체가 가지고 있는 총 유전 정보를 포함하는 총체적 DNA 염기서열을 유전체라고 하는데, 사람의 유전체는 22개의 상동염색체, 1개의 X성염색체와 1개의 Y성염색체(22+X+Y)에 포함되어 있는 DNA의 총 염기서열인데, 약 30억 염기쌍으로 밝혀졌다.

(Tip) 인간 유전체 연구계획, HGP(human genome projects)

인간 유전체를 구성하는 총 염기의 수와 염기배열을 규명하는 연구계획으로 1990년에 시작하여 2005년까지 완료 하겠다는 인류 최초의 시도였다. 그러나 실제로는 1996년에 미국이 주관하고 영국, 프랑스, 독일과 일본의 과학자들이 국제적인 협동연구를 시작하여(도중에 중국도 참여) 2003년 4월에 인간의 유전체를 구성하는 총 30억 염기쌍 염기서열을 밝히는데 성공하였다.

(Tip) 맞춤의학 시대(personalized medicine)

인간 유전체 계획의 성공으로 30억 염기쌍의 염기서열이 규명됨에 따라서 표 12-1에 기술된 선천성 유전병 외에도 당뇨병, 심장질환, 정신분열증, 우울증, 자폐증, 관절염, 천식과 암 등 많은 질병이 정도의 차이는 있으나 유전자 결함과 연관되어있고 또한 미세 환경과 상호작용하여 일어난다는 사실이 밝혀지고 있다. 최근에는 각 개인의 유전체인 30억 염기쌍의 염기서열(유전체 프로파일)로부터 그 속에 포함된 유전자들과 그 주변 염기서열을 분석하여 가능한 질병의 진단, 예방과 치료에 관해서 의사가 합리적인 결정을 하는데 근거를 제공하는 의학의 새로운 분야이다. 뿐만 아니라 환자(개인)의 유전체 프로파일은 의사가 적절한 약물을 선택하고, 적당한 복용량을 정하여 병을 치료하는데 크게 도움을 줄 것이다.

제 13장 미생물의 세계 - 사람에게 질병을 일으키는 미생물 - 사람에게 이로운 미생물

미생물은 우선 우리 눈으로는 그 형태를 볼 수 없고, 현미경을 통해서만 관찰할 수 있는 생명체이다. 단 한 개의 세포로 되어 있으면서, 생명체의 특성인 생물다양성과 생명체만이 가지는 능력을 동시에 나타내는 원핵생명체로서(제2장 참조), 대장균을 비롯하여 많은 세균들이 여기에 속한다. 지구상에서 가장 오래된 생물이 원핵생물 즉 세균이다. 원핵생물이란 고등 생물의 세포에서 관찰되는 뚜렷한 핵을 가지지 않는 생명체를 의미한다. 미생물에는 원핵생물인 세균 이외에도 크기가 작은 조류(algae) 와 균류(fungi)가 있는데, 이들은 진핵 생물에 속하여 세포질 속에 진정한 핵을 가지고 있다. 일반적으로 우리는 세균을 비롯하여 미생물은 여러 가지 질병을 일으키는 해로운 생명체로 인식하고 있지만 실제로는 사람에게 많은 이로움을 주는 잘 알려져 있지 않은 유익한 생명체이다.

원핵생물(prokaryote)

원핵생물의 세포구조는 진핵세포의 구조에 비교하면, 대단히 간단하지만 크기는 진핵 세포의1/10정도로 작다. 세포의 가장 바깥부분은 진핵세포와 같이 세포막으로 싸여 있으나 그 구성 물질은 진핵세포의 것과 화학적으로 완전히 다르다. 세포막 바로 안쪽으로 이중막으로 된 원형질막이 세포질을 감싸고 있다. 원형질막이 안쪽으로 길게 연장되고 접혀져서 이루어진 메소

솜이 있는데, 세포가 증식(분열)할 때 염색체 분리와 세포벽 형성에 관계한다고 추측된다. 세포질 속에는 여러 개의 리보솜들이 쇄상으로 묶여있는 폴리솜이 있지만 구성 물질과 구조가 고등 동식물의 것과 다르다. 이곳에서 단백질을 합성한다. 또한 전분, 글리코겐, 지질 등을 저장하고 있는 함유물이 세포질 속에 떠있다. 세포질 속에는 핵막을 형성하지 않아서 진정한 핵이 없고, 유전물질인 한 개의 원형 DNA인 염색체가 노출 되어 있다. 때로는 염색체 외에도 분자량이 작은 원형 DNA 분자인 플라스미드를 갖기도 한다. 세포벽 밖으로 길게 돌출되어 있는 편모가 있는데, 세균이 움직일 때 이용된다(그림 13-1).

세균 중에는 광합성을 하는 남세균도 있는데, 이 경우에는 원형질막이 안으로 길게 접혀져서, 여기에 태양빛 에너지를 흡수하는 광합성 색소가 포함되어 광합성을 수행한다.

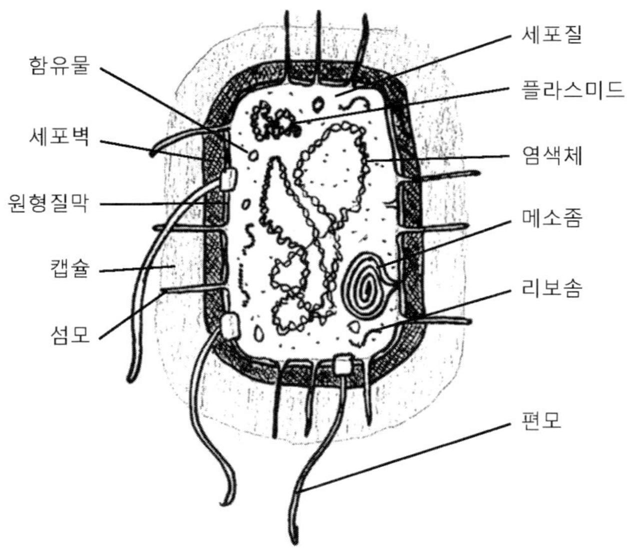

그림 13-1. 세균(박테리아)의 구조

해로운 세균과 이로운 세균(bacteria)!!

해로운 세균은 사람에게 질병을 일으키는 병원체들과 가축에게 병을 유발하는 세균이 대부분이다. 세균 감염에 의한 질병을 예를 들면, 나병, 장티푸스, 콜레라, 흑사병, 디프테리아, 결핵, 파상풍, 식중독, 임질, 매독 등 이외에도 많이 있으나, 세균 종의 수에 비교하면 극히 적은 수에 불과하다. 그 반면에, 세균 종의 대다수는 사람에게 이로움을 주고 있다. 우선, 지구상에 서식하는 생명체가 죽으면, 그 사체를 분해시켜 지구의 생태계를 건전하게 유지하게 하고, 남세균과 같이 광합성 세균은 우리에게 음식물과 산소를 생산해 주기도 한다. 또한, 우리 창자에 서식하는 대장균은 혈액응고에 도움을 주는 비타민 K를 합성해서 우리에게 공급하는데, 비타민 K는 우리 몸이 합성할 수도 없고, 음식물로부터 섭취할 수도 없는 중요한 영양분이다. 이 이외에도 우리의 소화기관에 살고 있는 미생물 군은 영양분과 성장장소를 선점하여, 그 후에 감염하는 병원균이 장소를 잡아 자라지 못하게 할 뿐 아니라, 박테리오신 이라는 항생 물질들을 생산하여 병원체의 성장을 억제하여 우리의 건강을 지켜준다. 또 세균은 경제적으로도 유용한데, 유산균은 우유를 발효하여 요구르트, 버터밀크, 사워크림을 만들고, 오이나 배추 등 채소를 발효하여 김치를 숙성시켜 주고, 간상세균은 콩을 발효하여 낫도라는 영양가 좋은 식품을 제공한다. 주로 흙 속에 존재하는 방선세균은 항생물질을 생산하는데 이용되며, 이 밖에 세균을 이용하여 생산되는 물질에는 전분분해효소, 세제, 아미노산, 비타민 등이 있다. 이 외에도 자연 상태에서 잘 분해되지 않는 플라스틱, 비닐, 유기용매와 기름 등을 분해하는 미생물이 있어 환경오염을 제거하거나, 산성이나 알칼리성 물질을 분비하는 미생물을 이용하여 우라늄과 같은 중요금속을 제련하는데 이용한다.

균류(fungi)

모든 균류는 생물의 사체를 분해하고 소화하여 영양분을 섭취한다. 단순

한 구조를 가진 다세포생물이지만, 균류의 몸체인 균사체와 균사체로부터 여러 개의 세포의 끝이 서로 이어져서 긴 실처럼 뻗어 나온 균사로 되어있다(그림 13-2). 균류를 이루는 세포는 질소를 포함하는 다당류인 키틴질로 구성된 세포벽을 가지고 있는데, 고등 동식물 세포의 세포벽이나 세포막 구조와 성분이 다르다. 균류에는 버섯(mushroom)을 포함하여 빵을 부패시키는 곰팡이(mold), 치즈에 맛과 향기를 넣는 곰팡이, 콩을 간장 및 된장으로 발효하는 곰팡이, 항생 물질인 페니실린을 생산하는 곰팡이 등이 있고, 빵을 만들고, 알코올을 발효하는 효모(yeast)도 균류에 속한다. 이외에도 사람에게 무좀을 비롯하여 각종 피부습진을 일으키는 곰팡이도 있다.

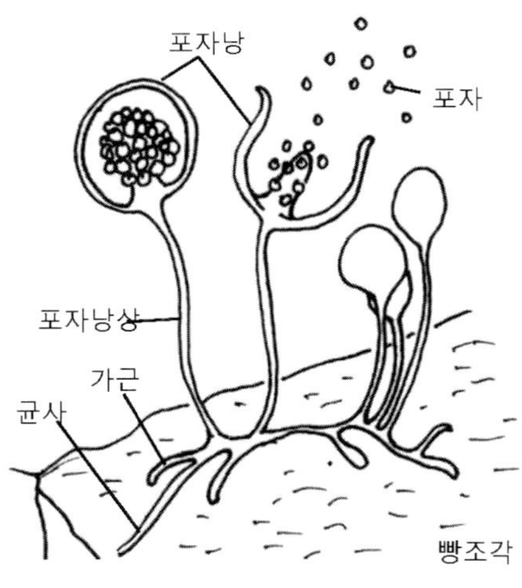

그림 13-2. 균류(곰팡이)의 구조

조류(algae)

진핵 생물에 속하며 식물과 같이 세포 내에 엽록소를 가지고 있어 광합성을 수행하여 탄수화물을 생산한다. 주로 군집상태로 생존하나 때로는 단세포로 존재한다. 지구 대기 중의 산소 중 약 75%를 (대형 해초류를 포함한) 해양조류가 생산한다. 일부 조류는 식량자원으로도 중요하다. 미역, 다시마,

김 등 일부 홍조류는 식량이나 제약산업의 원료로 사용되며, 최근 석유자원의 고갈로 대체에너지 생산을 위한 연구가 활성화되고 있는데 방대한 양을 확보할 수 있는 해양미세조류는 섬유소의 재료로 학계와 산업계의 주목을 받고 있다.

반면, 홍수로 육지의 영양염류가 바다로 많이 유입되면 성장 조건이 좋아져서 갑작스런 증식이 일어나(적조현상) 담수나 바다 속의 산소를 많이 사용하여 어류 및 패류의 폐사를 초래한다(그림13-3).

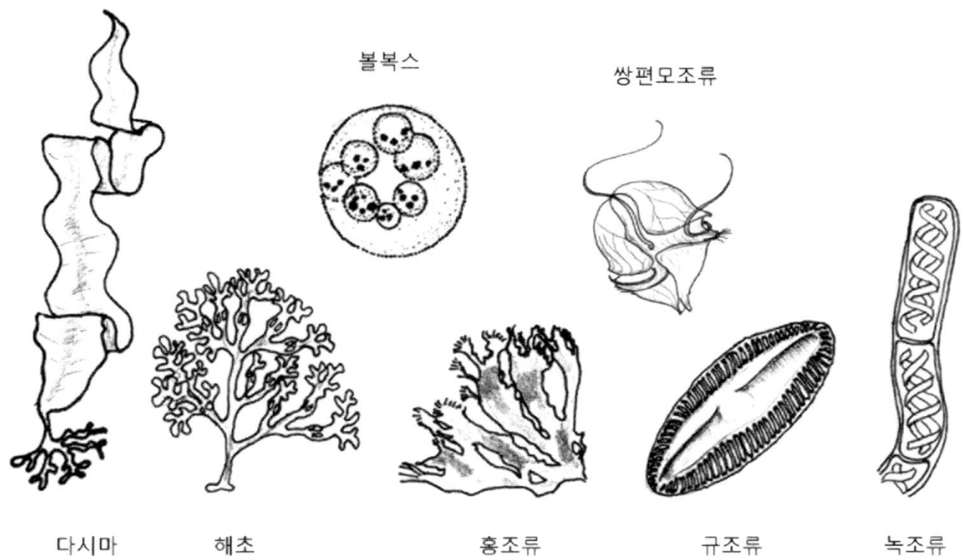

그림 13-3. 조류의 종류

바이러스(virus)

바이러스는 유전물질인 DNA 혹은 RNA 중에서 하나만을 가지고 있고, 이 유전물질을 감싸고 있는 단백질 막으로 구성되어 있다. 때로는 단백질 막 밖에 감염하는 숙주(감염할 수 있는 세포) 세포의 세포막을 둘러쓰고 있는 경우도 있다. 대부분의 바이러스는 DNA를 유전물질로 가지고 있으나,

소수의 바이러스는 RNA를 유전물질로 가지기도 한다. 바이러스는 크기도 대단히 작아서 염색을 하여도 보통 광학 현미경으로 그 형태를 볼 수 없고, 전자현미경을 통하여만 관찰할 수 있다. 바이러스는 그 구조도 너무 단순하여 세포라고도 할 수 없고, 그 자체만으로는 증식할 수 없어 생명체의 특성을 나타낼 수 없다. 그러나 바이러스는 적당한 숙주를 만나면 감염하여 숙주세포 내에서 증식을 비롯한 생물학적 활성(제 2장)을 나타낼 수 있다. 어떤 바이러스는 숙주세포 밖에서 소금처럼 결정을 이루며 불활성화된 상태로 오랫동안 존재하기도 한다. 그래서 한때는 바이러스가 생물과 무생물 사이, 그 경계에 있는 것으로 생각했던 시대도 있었다(그림 13-4).

바이러스의 구조를 보면, 우선 가지고 있는 유전자 수가 적어서 단세포 생물처럼 독립적으로 생명 활동을 수행하기에는 너무나 불충분하고 단백질 합성기구인 리보솜도 없으며, 더욱이 생명활동에 필요한 에너지를 공급하는 미토콘드리아가 없다. 따라서 증식을 비롯한 생명활동을 위하여 이 모든 것을 갖춘 세포, 즉 감염할 수 있는 숙주세포가 필요하다. 바이러스는 감염한 후 숙주세포의 기관들을 이용하여 증식 및 생명활동을 할 수 있으므로 바이러스는 숙주세포에 기생하는 물체이다. 바이러스는 아무 생물이나 감염할 수 없으며, 크게 식물만 감염하는 식물 바이러스, 동물만 감염할 수 있는 동물 바이러스와 세균만 감염하는 박테리오파지로 분류된다. 동물 바이러스를 예를 들면, 동물 바이러스는 아무 동물에 감염할 수 없고, 그 바이러스에 허용된 동물 종만을 감염할 수 있는데, 이를 숙주 특이성 혹은 숙주범위 라고 한다. 숙주 범위가 돼지 종이면 돼지만을, 닭이면 닭만을 감염할 수 있다. 드물게 닭만을 감염하는 바이러스가 돌연변이에 의하여 숙주 범위가 넓어져서 사람도 감염할 수 있게 된다. 이 경우, 닭에서 일어나는 질병이 사람에서도 발병할 수 있게 된다.

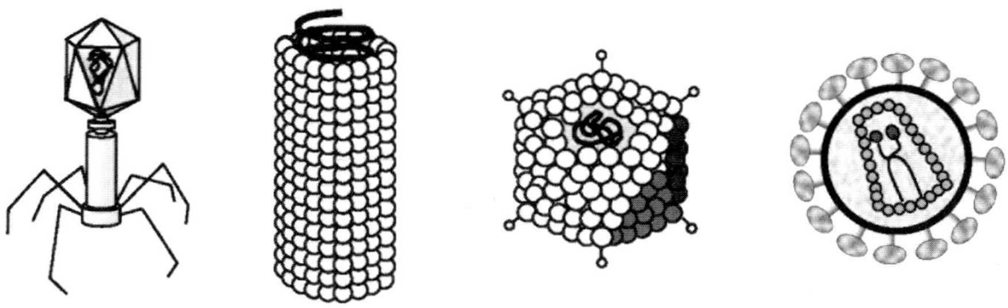

그림 13-4. 바이러스의 종류와 구조

언제나 해로운 바이러스!!

바이러스는 자기 증식에 필요한 모든 것을 숙주세포로부터 약탈하여 사용하기 때문에, 모든 감염된 숙주는 치명적인 손상을 입게 된다. 따라서 사람이나 가축을 감염하여 치명적인 병을 일으키는 바이러스가 많이 있다. 바이러스가 사람을 감염하여 일으키는 질병을 나열해 보면, 암을 비롯하여 소아마비, 천연두, 유행성 이하선염(볼거리), 홍역, 식중독, 감기, 유행성 독감, 대상포진, 일본뇌염, 간염, 유행성 내출혈 병, 광견병, 백혈병과 면역 결핍증 등이 있으며, 소나 돼지를 감염하여 구제역을 일으킨다. 바이러스는 각종 병을 일으키는 해로운 유전자 그리고 감염하는 숙주를 약탈하는 나쁜 유전자만 가지고 있다.

AIDS와 HIV(human immunodeficiency virus)

AIDS(acquired immunodeficiency syndrome)는 후천성 면역결핍증을 의미하는 영문의 약자로서, 전체 면역체계가 완전히 망가지는 질병인데, 인간 면역결핍증 바이러스(HIV)가 AIDS를 일으킨다. 일반적으로 HIV를 AIDS 바이러스라고 부르기도 한다. HIV는 사람의 림프구를 감염하는 특이성을 가지고 있는데, 특히 백혈구의 일종인 보조 T-세포를 선택적으로 공격하여 파괴한다. 보조T-세포는 사람에 있어 암을 비롯하여 각종 질병에 대한 면역을 나타내는데 아주 중요한 역할을 한다. 다시 말하면, 보조T-세포는 기본적으로 면역체계가 군대라면, 장군 격인데, 사병을 깨워 침입자(바이러스)를 찾아서 섬멸하라는 명령을 내리는 역할을 한다. 그런데 HIV가 보조T-세포를 파괴하여 정복하게 되면, 보조T-세포는 감시작용을 멈추어, 다른 면역세포에게 더 이상 명령을 전달하지 못하게 되고, 전체 면역체계가 활동을 중단하게 된다. 그 결과 면역체계는 망가지게 되고 감염된 사람은 모든 병원체에 감염이 된다. AIDS를 가진 사람은 HIV 감염 자체 보다 파괴된 면역체계에서 세균을 포함한 다른 감염들에 의한 합병증 때문에 죽게 된다. HIV는 대부분이 혈액, 정액, 질액을 통하여 전파되고 가끔 신생아에게 젖을 통하여 전파되기도 한다. 땀, 기침, 사용한 옷이나 물건 또는 모기 등 흡혈곤충에 의해서는 전염되지 않는다.

HIV의 증식과정

AIDS를 일으키는 레트로바이러스인 HIV가 사람의 백혈구 세포에 감염한 후 HIV의 증식과정을 보면, 우선 HIV의 구조는 맨 밖에는 감염숙주 세포의 원형질막에서 유래한 막과 바이러스 특유의 당 단백질로 이루어진 바이러스 피막으로 싸여있고, 안으로 두 개의 쌍둥이 바이러스 유전물질인 RNA 분자를 감싸는 단백질 막으로 보호받고 있는데, 바이러스 RNA 분자에는 역전사효소가 이미 만들어져 붙어있다.

이 역전사효소는 감염 후 바이러스 RNA 분자를 바이러스 DNA 분자(vDNA)로 역전사 하는데 이용되고 이 같은 감염과정을 가지는 바이러스를 레트로바이러스라고 한다(그림 13-5). HIV가 백혈구 세포를 만나면 우선 바이러스 피막과 백혈구의 원형질막 사이에 융합이 일어나고 단백질막(capsid)이 제거되면서 역전사효소가 붙어있는 바이러스 RNA 분자가 세포 속에 방출된다. 바이러스 RNA가 주형으로 역전사효소에 의하여 바이러스

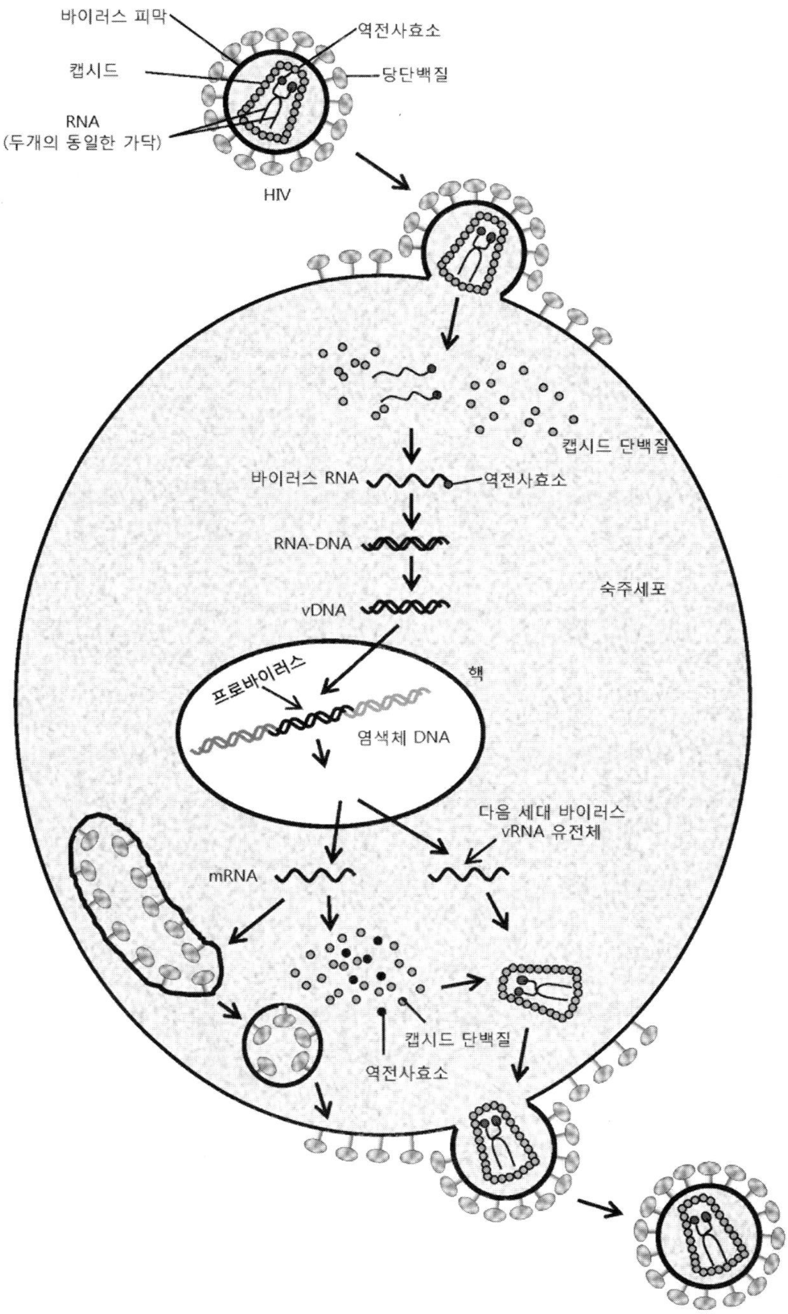

그림 13-5. HIV의 구조와 증식경로

DNA(vDNA) 분자가 만들어져 백혈구 세포의 핵 속으로 이동하여 백혈구 세포의 염색체 속에 삽입된다. 이렇게 숙주의 염색체의 일부처럼 삽입된 바이러스의 DNA를 프로바이러스라고 한다. 프로바이러스 상태로 백혈구 세포와 공존하다가 적당한 시기에 자손 바이러스 생산에 필요한 단백질막(capsid)과 역전사효소의 합성을 위하여 바이러스 mRNA가 합성되고 동시에 자손 바이러스 유전물질인 바이러스 RNA(vRNA)가 만들어져 단백질 막으로 둘러싸인 자손 바이러스 입자가 조립되어 백혈구 세포의 원형질과 바이러스 당단백질을 포함하는 막을 덮어쓰고 밖으로 방출하여 증식한다(그림 13-5).

(Tip) 급성호흡기증후군, 사스, SARS(severe acute respiratory syndrome)

사스는 열이 나고 심한 기침으로 인한 호흡곤란 등의 증세를 보인다. 2002년에 중국 남부지역에서 나타난 후 세계적으로 유행되면서 8,000여 명이 감염되고 700여 명이 사망하였는데 단일 가닥인 RNA를 유전물질로 가진 코로나 바이러스가 감염체로 밝혀졌다. 인체 접촉으로 코로나 바이러스가 전파될 가능성이 있다. 중국에 서식하는 박쥐의 한 종이 SARS 바이러스의 자연적인 보균자로 확인되었다.

(Tip) 유행성독감을 일으키는 인플루엔자 바이러스

사람에 독감을 일으키는 인플루엔자 바이러스는 3 종류가 있는데, B 형과 C 형은 사람만 감염하여 감기를 일으키나 유행성 독감을 일으키지 않는다. 그러나 A 형은 사람을 포함하여 조류, 돼지, 말 등 다양한 동물을 감염할 수 있어 숙주범위가 넓다. 즉 닭이나 돼지 등에 감염한 인플루엔자 A 형 바이러스가 동시에 사람에게 감염되면 여러 가지 재조합된 유전물질을 가진 새로운 자손 인플루엔자 바이러스가 증식되어 독성이 강한 유행성 독감을 일으킬 수 있다. 실제로 1918~1919년 1년 사이에 5,000만 명의 사람을 사망시킨 "스페인 독감" 을 일으킨 바 있다. 그 후에도 "홍콩 유행성 독감"을 유발하여 많은 사람을 사망하게 하였다.

(Tip) 아지도티미딘(AZT)은? - AIDS 치료약

azidothymidine의 약자로서 지도부딘(zidovudin)으로도 불린다. DNA의 구성요소인 티미딘의 유도체로서 HIV와 같은 RNA 바이러스가 증식할 때 중간 단계로 바이러스 DNA(vDNA)로 전환되는데 이 단계에 관여하는 역전사효소의 DNA 합성을 방해하여 HIV 증식을 억제함으로서 AIDS를 치료한다.

(Tip) 항바이러스 약 개발의 어려움

질병을 안전하고 효과 있게 치료하기 위하여 항생물질이나 항바이러스 약은 사람에게는 아무런 해를 주지 않고, 질병을 일으킨 병원체만 공격하여 죽여야 한다. 세균에 의한 질병인 경우는, 우리 세포가 세균과 공통으로 가지고 있지 않은 것들, 즉 세포벽, 다른 종류의 리보솜, 좀 다른 효소들(세균만 가지고 있음) 등이 세균만을 공격할 수 있는 좋은 목표이다. 이들을 목표로 하는 항생제들이 페니실린을 시초로 지금도 계속 개발되고 있다. 그러나 바이러스에 의한 질병인 경우는 이야기가 다르다. 바이러스는 구성 요소도 단순하여 단백질과 핵산(DNA 혹은 RNA)뿐이다. 따라서 바이러스만을 공격하는 목표가 없고, 또한 바이러스가 증식할 때 세포의 물질과 기관을 이용하므로 바이러스만 파괴하는 항바이러스 약을 개발하기가 대단히 어렵다. 항바이러스 약을 개발하기 위하여, 과학자들은 각 바이러스가 감염 할 때 세포 속으로 가지고 들어가는 몇 안 되는 바이러스 특유의 물질을 찾는데 많은 시간을 소비한다. 지금까지 연구를 집중한 몇 개의 바이러스, AIDS를 일으키는 HIV나 독감의 원인인 인플루엔자 바이러스 등에서만 항바이러스 약이 개발된 바 있다. 또한 같은 이유로 바이러스성 질병에 대한 백신 개발에서도 어려움이 많다.

(Tip) 매년 독감백신 접종의 필요성

독감을 일으키는 인플루엔자 바이러스는 8개 조각의 RNA를 유전 물질로 가지고 있어서, 대단히 불안정하고 숙주세포 내에서 증식할 때 수많은 조합의 바이러스가 생겨나서 빈번한 돌연변이가 일어나, 변형된 인플루엔자 바이러스가 자주 생겨난다. 따라서 매년 새로운 백신을 제조하여 접종해야 한다.

(Tip) 항생제와 항균제란?

항생제는 세균만 가지고 있는 구조(세포막, 리보솜등)의 합성을 억제하거나 활동을 방해해서 세균의 증식을 억제하거나 죽인다. 마찬가지로 항균제는 균류만 가지는 구조(세포벽, 리보솜 등)의 합성을 억제하여 균류에 의한 질병을 치료한다. 그러나 항생제나 항균제는 바이러스 증식을 억제 할 수 없어 바이러스 감염에 의한 질병을 치료 할 수 없다.

(Tip) 세균(bacteria)과 바이러스(virus) 차이

세균은 현미경으로 관찰할 수 있으나 바이러스는 크기가 너무 작아서 현미경으로 볼 수 없고 전자현미경으로만 관찰할 수 있다. 세균은 한 개의 세포로 되어 있으며 독립적으로 생명을 유지하면서 적당한 숙주에 감염하여 질병을 일으키거나 혹은 사람에게 유용한 물질을 생산한다. 바이러스는 한 개의 세포라고도 볼 수 없고 자기 혼자 독립하여 살 수 없어, 적합한 숙주에 침입하여 숙주의 모든 것을 약탈하여 자기자손을 생산하거나 수많은 질병을 일으킨다. 바이러스는 일종의 기생물체여서 언제나 감염하는 숙주에게 해를 주는 생명체이다.

최근 발견된 바이러스(판도라 바이러스)는 2,500여개의 유전자를 가지며 대장균에 육박하는 크기를 가진 것으로 알려졌다. 이는 우리가 알고 있는 일반적인 기준을 벗어나는 생물이나 생명현상이 아직도 과학자들이 밝혀주기를 기다리고 있다.

(Tip) 위궤양이란?

위벽이 위산이나 소화효소에 의하여 헐어서 상처를 받게 되어 통증이나 속쓰림, 가슴앓이, 구토 등의 증상을 나타내는 경우를 위궤양이라고 하는데, 한때는 위궤양의 원인을 스트레스, 근심, 좌절 혹은 부정적인 감정 등으로 생각 하였으나 현재는 위에 살고 있는 헬리코박터 파일로리가 위벽에 감염되고 보호 점막을 없애서 결국 소화효소나 위산이 위벽의 단백질을 분해하여 위궤양을 일으킨다고 생각한다. 항생제로 헬리코박터 파일로리를 제거함으로 위궤양을 치료할 수 있다. 호주의 로빈 워렌(Robin Warren)과 배리 마샬(Barry Marshall)이 헬리코박터 파일로리가 위염을 일으킨다는 것을 증명한 공로로 2005년 노벨상을 수상하였다. 헬리코박터 파일로리 감염 없이 위궤양 증상을 보이는 경우도 있으나 그 원인을 알 수 없다.

제 14장 유전공학 (Genetic Engineering) - 이로운 유전자 이용 - 유전병 치료 - 새로운 생물창조(GMO)

현재 지구상에 서식하는 1,000만종 이상의 생물 종은 수많은 다양한 유전자를 보유하고 있으며 이들 유전자 중에는 사람을 기준으로 하여 사람에게 유익한 유전자가 있는가 하면 반대로 해로운 유전자들도 많이 있다. 주로 유익한 유전자를 가진 생물로부터 유전물질을 분리한 후 유익한 유전자를 선별하여 그 유전자의 최종 산물인 단백질을 경제성 있게 대량으로 생산할 수 있는, 지구상에서 자연 상태로 절대로 일어날 수 없는 새로운 생명체를 창조하는 생명과학의 새로운 분야가 유전공학이다. 어떻게 지구상에 없는 생명체를 창조할 수 있을까? 1850년대, 멘델이 완두콩의 교배실험 결과를 분석한 후, 생물체는 형질을 결정하는 요소를 가지고 있으며, 그 요소는 한 세대에서 다음 세대로 전달된다는 것을 밝혔다. 그 이후로, 과학자들은 이 요소들이 세포분열 시 염색체의 이동과 같은 양상을 나타내는 것을 관찰하고, 이 요소들이 염색체 위에 존재하는 유전자임과 동시에 그 화학적인 구성 물질이 DNA라는 고분자 물질임을 증명하였다. 멘델 이후 거의 100년이 지나서, 제임스 왓슨과 프란시스 크릭은 유전물질인 DNA가 이중 나선으로 된 구조를 밝히고, 반보존적으로 복제(증식)될 것으로 예측하였다. 그 동안 과학자들은 DNA 분자 속에 있는 유전자의 구조와 그 속에 감추어져 있는 유전암호를 해독하였다. 1970년대, 제한효소(DNA 분자를 끊는 효소)의 발견 이후, 지난 40년 동안 과학자들은 DNA의 염기 서열을 읽고, 복사 증폭하고, 끊고, 붙이고, 분리 정리하고, 서로 이어서 새로운 조합의 DNA 분자를 재조합하는 DNA 조작기술을 발전시켜 왔다. DNA 조작 기술의 위대한 효능은 지난 2003년, 인간제놈계획의 일환으로 24개(22+x+y)의 염색체에 있는 인간 DNA를 이루는 30억 개 염기쌍의 순서를 밝힘으로써 증명되었다.

지구상의 모든 생물의 DNA 구조는 동일하다!

사람을 비롯하여 가축들, 벼와 보리 등 식물, 눈에 보이지 않은 세균들과 바이러스들이 가지고 있는 DNA 구조와 구성요소가 모두 같으나 단지 염기(A, C, T, G)의 수와 순서만 다를 뿐이다. 그 결과 각 생물은 그 종의 형질을 나타내는 유전자의 수와 종류가 다르다.

톱니를 가진 가위, 제한효소의 발견

큰 양복점에 가면 톱니의 크기가 다른 가위가 몇 개 있다. 바지의 끝자락을 톱니가위로 끊어서 올이 풀리는 것을 막아주는데 사용된다. 만약 통(직경)이 같은 흰색 바지와 검은색의 바지 끝을 같은 톱니가위로 끊어서, 그 끝을 서로 맞대면 이가 서로 맞아서, 이어주면 한 개의 통으로 만들 수 있다. 여기서 흰 바지는 사람의 DNA이고, 검은색 바지는 대장균의 DNA라고 가정하면, 직경이 같은 2.0nm를 가지는 사람의 DNA와 대장균의 DNA를 이어주는 것으로(DNA ligase, 풀처럼 이어주는 효소) 사람의 DNA와 대장균의 DNA가 한 조각으로 재조합된 새로운 DNA 분자를 제작할 수 있다. 자연계에서는 종이 다른 생물의 DNA 분자들이 서로 결합하여 한 DNA 분자를 만드는 경우는 세균의 형질전환(transformation)이나 형질 도입(transduction) 등이 아니면 일어나기 힘들다. 여기서 톱니가위의 역할이 바로 제한효소의 역할과 같다고 생각된다. 다만, 제한 효소는 DNA 분자의 아무 곳이나 자르지 못하고, 특별한 염기 서열을 인식하여 끊어준다.

그런데 이 제한효소는 원래 세균이 박테리오파아지 등의 공격을 받았을 때 박테리오파아지의 DNA를 파괴하는 일종의 세균의 자기방어기능을 담당하는 효소였으나 현대의 유전자공학의 탄생을 가능케 한 도구로 우리가 잠시 빌려서 사용하고 있는 셈이다.

유용한 유전자의 이용

지구상에는 다양한 생물(생명다양성)들이 서식하고 있는데, 이는 곧 다양성을 결정하는 유전자의 수가 무한히 많다는 의미이다. 수많은 유전자 중에는 사람에게 이로운 유전자들이 있는가 하면, 해로운 유전자들도 많이 있다. 이로운 유전자들 중에는 항생물질, 성장호르몬, 인슐린 등을 만드는 유전자들, 농작물을 생산하는 유전자들과 음식물의 발효에 관여하는 유전자 등 수를 헤아릴 수 없이 많다. 이들 유용한 유전자는 의학적 목적이나 산업적 목적으로 이용가치가 높다. 그러나 이로운 유전자는 단세포 생물에는 한 개, 다세포 생물의 한 개의 세포에는 한 쌍이 존재한다. 이와 같이 적은 수의 유전자가 생산하는 산물의 양은 너무나 작다. 예를 들면, 당뇨병 치료에 사용되는 인슐린은 췌장에서 생산 되는데, 이는 인슐린 유전자가 췌장 조직세포에서만 발현되기 때문이다. 그러나 췌장 조직세포의 수가 적으므로 췌장에서 생산되는 인슐린의 양은 너무 작아서 산업적으로 이용하기에는 경제성이 없다.

유전자 수의 증폭!

사람처럼 세대기간(자손을 생산하는데 필요한 기간)이 긴(약 15년) 생물의 세포에서 관심 있는 유전자를 분리하여 세대기간이 짧은 대장균(20분)의 DNA속에 삽입하면, 한 마리의 대장균이 24시간 후 1조 개로 증식되고, 동시에 대장균DNA속에 삽입된 사람의 유전자도 1조 개로 수가 증폭될 것이다. 또 다른 유전자 증폭 방법으로는 대장균에 공존하는 분자량이 작고

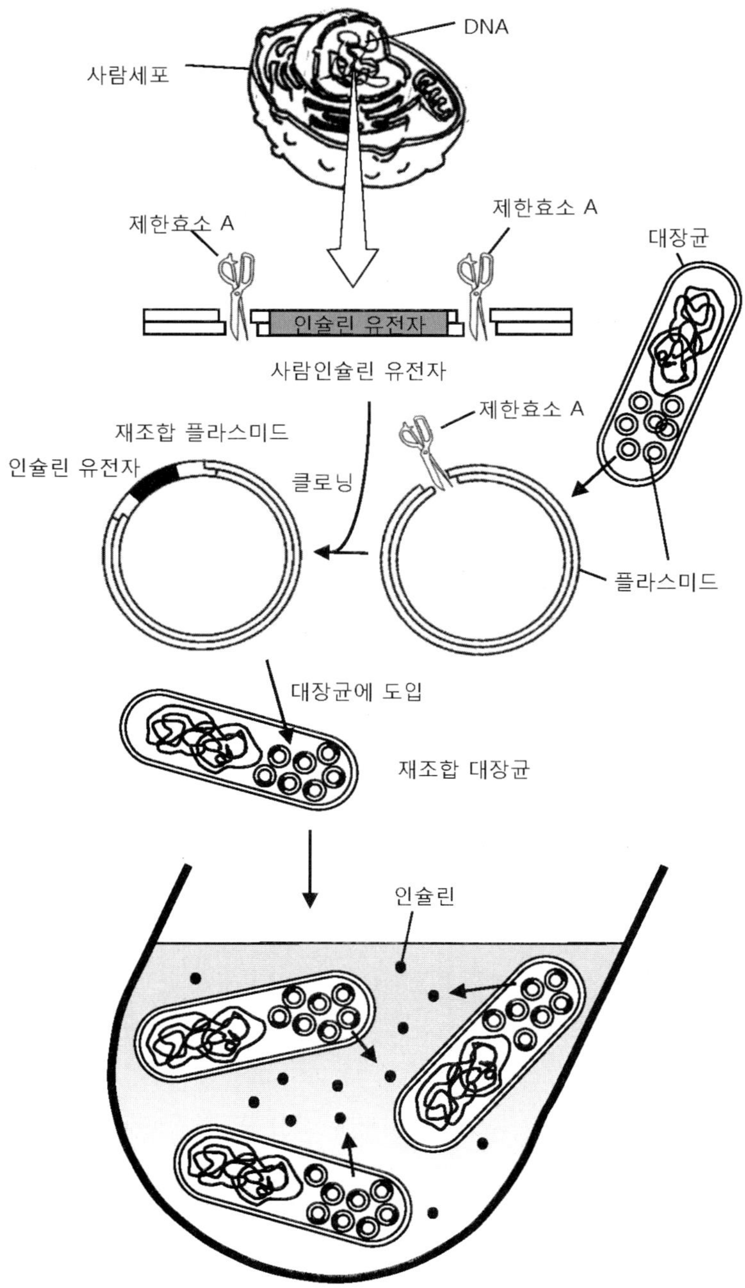

그림 14-1. 인간 인슐린 호르몬 유전자의 클로닝과 산업적 이용

수가 많은 원형 DNA(플라스미드) 속에 유용한 유전자(인슐린 합성 유전자)를 삽입(클로닝) 하는데, 이 경우는 대장균 하나에 400~1,000개의 플라스미드가 공존 할 수 있어, 그만큼 많이 유용한 유전자의 수를 증폭할 수 있다. 실제로 인슐린 유전자를 대장균의 플라스미드 DNA속에 삽입(크로닝)된 대장균을 발효하여 인슐린을 값 싸게 대량생산하여 당뇨병의 치료에 사용되고 있다(그림 14-1). 이와 같이 기원이(종이) 다른 생물의 DNA를 끊고, 서로 이어서, 새로운 조합의 DNA 분자를 제조하는 것을 DNA 재조합기술이라 하고, 재조합된 DNA 분자를 적당한 숙주나 숙주세포로 도입하여 숙주세포가 새로운 형질을 가지게 하는 것을 유전공학이라 한다. 유전공학 방법으로 생산된 의약품 중에는 인슐린 외에도 알파 인터페론(암의 축소 및 간염 치료), 베타 인터페론(다발성 경화증 치료) 등이 있다. 식물에서는 제초제나 살충제에 저항성을 가진 작물이나 영양가를 개선한 농작물이 생산되고 있다.

(Tip) 새로운 기능(형질)을 가진 생물 창조

지구상에 서식하는 1,000만 종의 생물체에서 사람에게 유용한 유전자를 우선 찾아내서 재조합 기술을 이용하여 재조합된 DNA 분자를 제조한 후 적당한 숙주나 숙주세포 속으로 도입시켜 지구상에 존재하지 않는 새로운 형질을 가진 생명체를 목적에 따라 임의로 창조 할 수도 있다.

(Tip) 유전자 치환 치료

선천적 유전자의 결함에 의하여 유발되는 병을 유전병이라고 하는 데 유전병을 치료하는 방법으로 정상적인 유전자를 도입하여 기존의 결함이 있는 유전자를 교환함으로써 선천적 유전병을 치료하려는 시도이다. 유전병을 가진 환자에게 아무런 해를 주지 않고 건전한 유전자를 전달 할 수 있는 운반 수단을 개발하는 단계여서 앞으로 많은 연구가 필요하다(그림 14-2).

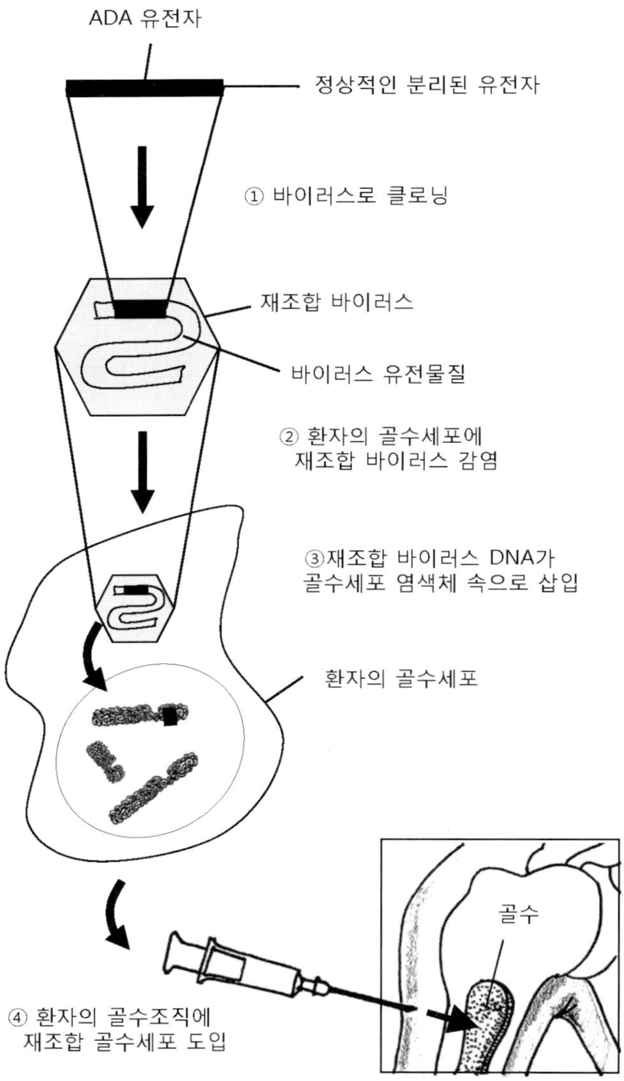

그림 14-2. 유전자 치료

(Tip) GMO, 유전적으로 개조된 생명체

GMO(genetically modified organisms)는 유전적으로 개조된 생명체를 뜻하는 영문의 약자로서 DNA 재조합기술을 이용하여 도입된 다른 종의 유전자를 포함하고 있는 생명체를 의미한다. 현재 GMO가 좋으냐 혹은 나쁘냐에 대한 토론을 기술해 보면,

우선 찬성하는 의견은,

(1) 농작물에 제초제 저항성 유전자나 살충제 저항성 유전자를 도입한 GMO를 제초제나 살충제를 뿌려 쉽게 재배하여 수확을 높여 많은 굶주린 사람을 먹일 수 있다.

(2) 농작물이나 가축들의 영양가를 증진시킨 GMO는 우리를 더욱 건강하게 할 것이다.

(3) 가축에 고기, 달걀, 우유를 더 많이 생산할 수 있게 하는 유전자를 도입한 GMO는 가난한 사람들에게 풍부한 음식을 제공할 수 있고, 동시에 농부들은 많은 수익을 얻을 것이다. 반면,

GMO에 반대하는 의견은, GMO가 인간의 건강이나 환경에 해를 줄 수 있는 위험성을 걱정한다.

(1) 우유, 계란과 고기를 더 많이 생산하도록 개조된 GMO는 도입된 유전자의 산물이 과잉 생산되어 먹은 사람의 건강을 해칠 우려가 있다.

(2) 제초제 저항성 유전자나 살충제 저항성유전자가 도입된 GMO에서 저항성 유전자들이 자연상태에 있는 잡초나 다른 식물체로 전파되어 생태계를 파괴할 가능성이 있다.

(3) 대규모 농작물을 운영하는 기업농민만 큰 수익을 얻고, 영세 농부는 오히려 몰락할 것이다.

(Tip) 유전공학으로 새로운 생명의 탄생이 가능한가?

2010년 5월 사이언스지는 미국의 생명공학자인 크레이그 벤터가 생명창조에 성공했다는 기사를 내보냈다. 세포막이 없는 세균인 마이코플라즈마 마이코이데스(*Mycoplasma mycoides*)의 유전체를 합성하고 이를 다른 마이코플라즈마 세포에 집어넣어서 생명활동이 정상적으로 일어났다는 것이다. 엄밀히 말하면 생명의 창조가 아닌 "유전체를 복사하는 기술의 적용에 성공한 예" 정도의 의미이기는 하지만 지금까지 몇몇 개의 유전자를 합성하고 조작하는 단계에서 100만 염기쌍 이상인 거대한 유전체 전체를 합성하는 기술로의 진보라고 볼 수 있다.

또한 이 기술은 바이오디젤 등 차세대 대체연료를 생산하는 합성생물의 창조에 응용하는 등 산업적인 기대가 매우 큰 것으로 평가받고 있다. 그러나 아직 유전공학의 힘으로 프랑켄시타인이 걸어다니거나 공룡이 되살아날 가능성은 적어 보인다.

제 15장 면역과 림프계 - 병원균의 침입에 대한 방어 기작 - 선천적 면역체계 - 후천적 면역체계

우리 몸은 태어난 후부터 병원체나 이물질에 노출되는데 병원체나 이물질(우리 몸에 없는 물질)의 침입을 막아서 우리 몸을 보호하는 기작 즉 면역체계를 가지고 있다. 또한 실핏줄로부터 스며 나온 림프액은 조직세포 사이를 흐르면서 침입한 미생물과 같은 이물질을 찾아내고 이들을 파괴하여 감염을 막아주는 림프계로 작동하고 있다.

우리 몸 주위에는 많은 미생물 즉 병원균, 곰팡이, 바이러스 등이 공기중에, 물 속에, 또는 흙 속에 살고 있다. 심지어, 우리 몸 안과, 피부에도 존재한다. 우리 몸은 장구한 기간을 통하여 이들 미생물의 침입을 못하도록 방어하는 면역체계를 구축해 왔다. 우리 몸은 크게 두 가지 면역체계를 가지고 있는데 1) 선천적으로 가지고 태어난 면역체계와 2) 후천적으로 경험에서 얻은 면역체계가 작동하고 있다.

선천적 면역체계

태어나기 전부터 우리 몸이 갖추고 있는 방어체계로서 특정한 미생물의 침입을 방어하는 것이 아니라, 일반 모든 미생물의 침입을 막는다. 미생물의 침입을 막아내는 우리 몸의 방어 역할을 보면,

피부와 점막

피부는 여러 겹으로 된 세포층이라서 미생물이 뚫고 들어가기 힘든 물리적 방어벽 역할을 하고 또한, 피부 층이 벗겨질 때 미생물도 함께 떨어져 나간다. 점막은 끈적끈적하여 미생물을 한 곳에 가두어두고, 눈물이나 침은 효소를 분비하여 미생물을 파괴하며, 위 속은 산성 이어서 미생물의 성장을 억제하는 화학적인 장벽이 된다.

수지상세포

백혈구의 한 종류로서 우리 몸의 조직이나 세포 사이를 돌아다니면서 침입한 미생물을 찾아서 공격하거나 보조 T-세포(면역세포)에게 미생물의 침입을 알려주는 역할을 한다.

식포세포

백혈구의 일종으로서 침입한 미생물을 찾아서 우리 몸을 샅샅이 돌아다니다가 침입한 미생물을 발견하면, 미생물을 산 채로 잡아먹거나 또는 수지상세포처럼 보조 T-세포를 활성화시킨다.

염증

만약에 미생물이 우리 몸을 침입하는데 성공하면, 침입한 미생물이 다른 곳으로 더 퍼지지 못하게 하고, 한 곳에 가두어 두기 위하여 우리 몸은 지역적으로 일련의 방어반응인 염증을 나타낸다. 염증반응의 특징은 붉게 부어오르면서, 열이나 고통이 따른다. 염증이 날 때, 히스타민이 분비되어 혈관이 확장되고 혈관의 투과성을 증진시킨다. 따라서 더 많은 혈액이 염증이 생긴 곳으로 흐르게 하고, 혈액응고제를 운반하여 미생물을 그 곳에 가두고, 많은 식포 세포를 보내어 침입자를 잡아먹어 방어한다.

후천적 경험에서 얻은 면역체계

선천적 면역체계가 대단히 효율적이어서, 일생을 통하여 침입하는 미생물의 감염을 잘 방어하나 아주 드물게 선천적 면역체계를 뚫고 우리 몸의 침입에 성공하는 경우에, 후천적 면역체계가 총출동하여 침입한 미생물과 싸우게 된다. 후천적 면역체계는 처음으로 감염하는 미생물보다 이미 전에 감염을 시도한 미생물을 인지하여 효과적으로 침입을 잘 방어한다. 이는 전에 감염한 미생물만 가지는 특이한 분자를 인지하는 백혈구만을 활성화시켜 병원균과 싸우게 하기 때문이다. 후천적 면역 체계에 관여하는 면역세포들의 종류와 기능을 보면,

보조 T-세포

선천 및 후천적 면역계를 통하여 총괄방어 사령관 역할을 하는데, 선천적 면역체계에 속하는 수지상세포와 식포세포인 백혈구로부터 미생물의 침입을 통고 받으면, 후천적 면역 체계에 속하는 첨병인 B 세포와 림프장세포를 활성화시킨다.

B 세포

자기수용체가 반응하는 항원을 발견하거나, 보조 T-세포로부터 출동명령을 받게 되면 활성화되는 백혈구의 일종이다.

림프장(혈장) 세포

항체를 생산하는데, 그에 맞는 항원과 특이하게 결합하여 무력화시킨다.

세포독성 T-세포

백혈구의 한 종류로서 미생물이 감염하여 세포 속에 숨어 있어서 항체도 찾아내지 못하는 경우에도, 감염된 숙주세포를 찾아내어 숙주세포로 하여금 스스로 죽게(자살) 유도하여 미생물의 침입을 막아준다.

후천적 면역체계의 인지기능

이미 전에 감염을 시도한 미생물을 인지하는 항체(?)나 세포 표면에 항체를 가진 보조 T-세포가가 오랜 기간(~10년)동안 어디에, 어떻게, 안전하게 존재할 수 있을까?

림프계

혈액이 혈관을 통하여 우리 온 몸을 두루 순환하듯이 림프액도 림프관을 통하여 우리 몸의 조직과 세포 사이를 순환하면서 영양분과 백혈구를 공급하여 침입한 미생물을 파괴한다. 림프액이 세포와 조직 사이를 돌며 혈관으로 되돌아오기 전에, 림프절에서 백혈구 등에 의하여 이물질의 존재를 확인하고 깨끗이 한 후에 혈관으로 들어가서 심장으로 이동된다. 우리 몸을 병원균의 감염으로부터 보호해주는 면역체계 외에도 림프계가 있다. 림프계는 크게 두 가지 요소로 구성되어 있다(그림 15-1).

림프관

우리 몸의 혈관처럼, 그러나 별도로 림프절을 통하여 우리 온 몸의 조직 세포 사이를 순환하는 림프액은 림프관으로 들어와서 우리 몸의 심장을 향하여 흐른다. 림프액이 림프절을 통하여 지날 때에 림프액 속에 있는 항체나 백혈구들이 미생물을 포함한 이물질의 침입을 막아 깨끗하게 청소해 준다. 림프액은 심장에 가까운 혈관 속으로 되돌아간다.

림프기관들

림프절, 비장, 편도선과 흉선 등이 림프기관에 속하는데, 이들 기관에는 백혈구가 가득 차있어 이물질을 파괴함으로써 병원균의 감염을 막아준다. 이들 림프조직들이 우리 몸의 모든 기관에 퍼져있다. 비장은 다른 림프기관들과 좀 다르다. 비장은 혈관에 직접 연결되어 있어 림프액을 청소해 주기보다는 혈액을 주로 깨끗하게 해 주지만 많은 백혈구를 가지고 있어 이물질의 침입을 막아준다. 그 역할은 림프와 같아서 림프기관으로 간주된다.(그림 15-1).

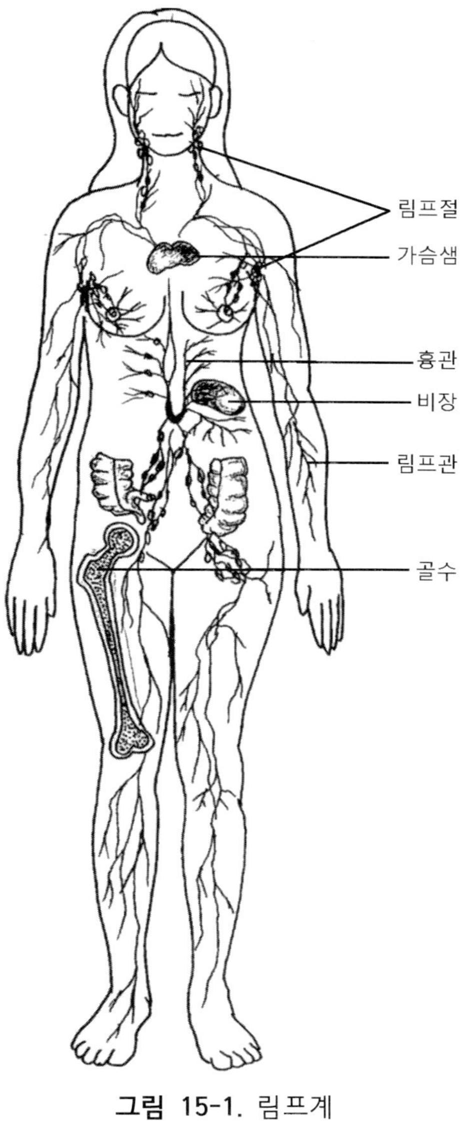

그림 15-1. 림프계

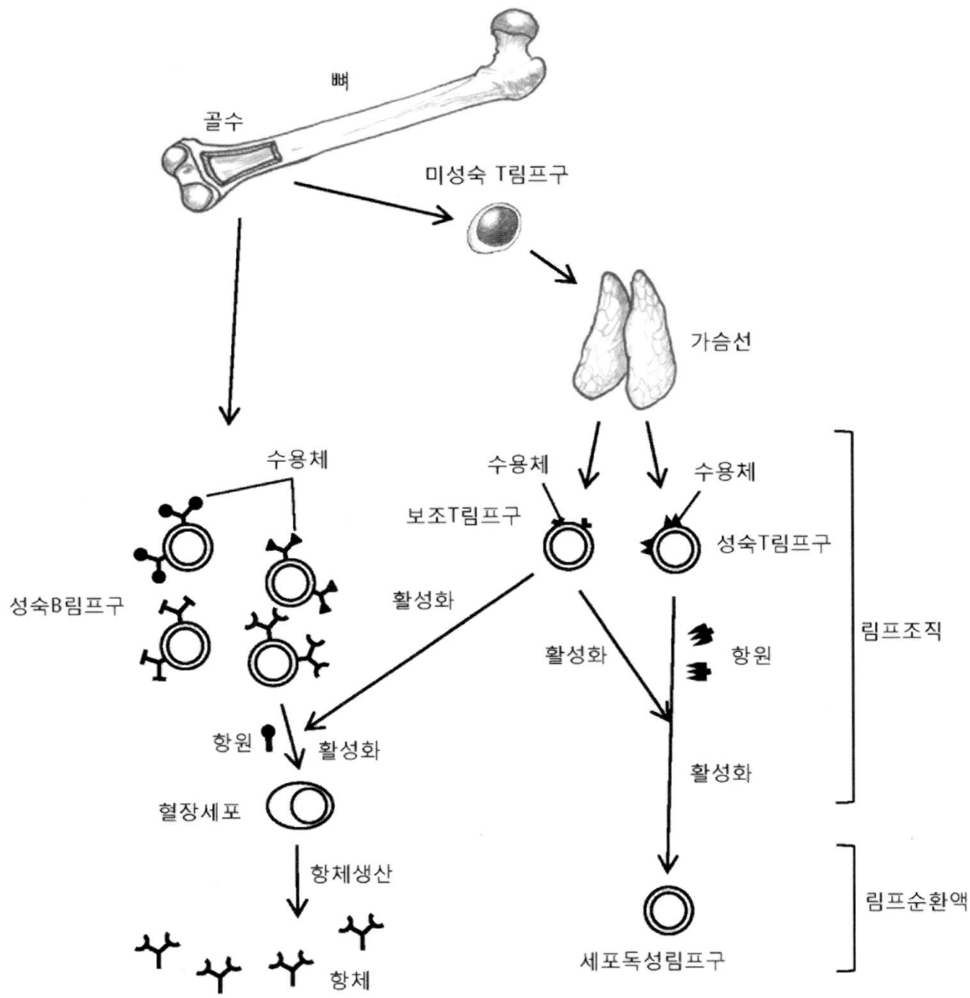

그림 15-2. 림프구와 면역현상

림프계의 면역반응 기작을 살펴보면(그림 15-2), 태아시기에 뼈 속에 있는 골수 줄기세포 일부는 미성숙 T-림프구로 발생한 후 가슴선으로 이동한다. 가슴선에서 T-림프구가 성숙되면서 일부는 보조 T-림프구가 되고, 이들 림프구들은 림프절을 구성하는 림프조직으로 모인다.

T-림프구는 여러 가지 항원에 의하여 활성화되고 보조 T-림프구의 도움

을 받아 소위 세포독성 T-림프구로 발전한다. 일단 세포독성 T-림프구가 순환액으로 들어가서 이물질인 항원을 찾아내고 T-림프구와 협동하여 침입한 이물질(세균, 바이러스 등)을 파괴하여 우리 몸을 방어한다. 이들 T-림프구와 세포독성 T-림프구에 의하여 이루어지는 면역을 세포가 관여하는 면역현상이라고 한다. 한편 골수 줄기세포 일부는 또 다른 경로를 통하여 태아의 골수나 간에서 B-림프구로 성숙된다. B-림프구들도 림프조직 내로 이동하여 수를 증식한 후 B-림프구의 세포 덩어리를 이루는데 이들 T-림프구와 B-림프구가 면역반응에 있어 기본적으로 관여한다.

우리 몸으로 들어온 항원들, 세균, 바이러스나 이물질은 림프조직 내에 있는 성숙한 B-림프구를 자극하여 활성화 시키고, 활성화된 B-림프구는 단백질 분비세포인 혈장세포로 전환된다. 혈장세포는 수많은 종류의 항체를 생산하여 림프 순환액 속으로 분비한다. 이들 항체들은 침입한 바이러스, 세균이나 이물질인 항원을 찾아 포획하고 불활성시켜 미생물 뭉치를 만들고 식포세포인 백혈구가 잡아먹어 파괴한다. 이 같은 질병에 대한 방어 기작을 항체가 관여하는 면역이라 한다. 항체는 림프 순환액 속에 수 년 동안 존재하여 오랜 기간 작용하는 면역 현상이다.

(Tip) 노화와 면역 체계의 쇠퇴

나이가 들면 우리 몸의 면역계도 변한다. 사춘기를 지나면서 가슴선(흉선)이 점점 작아지다가 장년기 이후부터는 아예 없어진다. 가슴선이 없으면 T-세포(면역세포의 일종)가 더 이상 전처럼 생산되지 않고, B-세포의 생산도 마찬가지로 줄어든다. 또한, 골수세포도 그 수가 줄어든다. 이와 같이, 면역체계가 약해지면서 노인은 미생물(병원균)에 감염되기 쉽다. 더구나, 자기 신체조직에 대한 자기의 면역세포의 공격으로 자기면역 질환이 생길 수 있는데 젊은이보다 노인에게서 더 많이 일어난다. 일례로 류머티스성 관절염을 앓고 있는 노인에게 자가면역세포가 관절주머니의 가장자리의 세포를 공격하여 염증과 퇴화를 일으킨다.

(Tip) 백신이란?

백신은 우리 몸의 후천적 면역 체계를 촉진하여 특정한 병원체의 감염에 의한 질병을 막아준다. 백신은 3가지 종류가 있는데 (1) 완전 불활성인 (죽은)병원체를 포함하는 백신 (2) 살아 있지만 증식할 수 없도록 파괴된 병원체를 포함하는 백신 (3) 병원체의 한 부분만 포함하는 백신 등이 있다. 백신 속에 포함된 죽은 병원체나 한 부분이 우리 몸에 주입되면 살아있는 병원체(항원)로 잘못 인식하여 우리 몸의 후천적 면역체계의 활성을 촉진시키고 기억해서 병원체의 감염에 대비한다. 이후에 같은 병원체가 침입하면 빠른 면역반응이 일어나서 병원체를 파괴한다. 백신은 바이러스 감염에 의한 질병이 전파되는 것을 막을 수 있는 유일한 일반적인 방법이다.

제 16장 순환계 - 혈관과 림프 - 영양분의 운반 - 산소와 탄산가스 교환 - 면역세포 운반

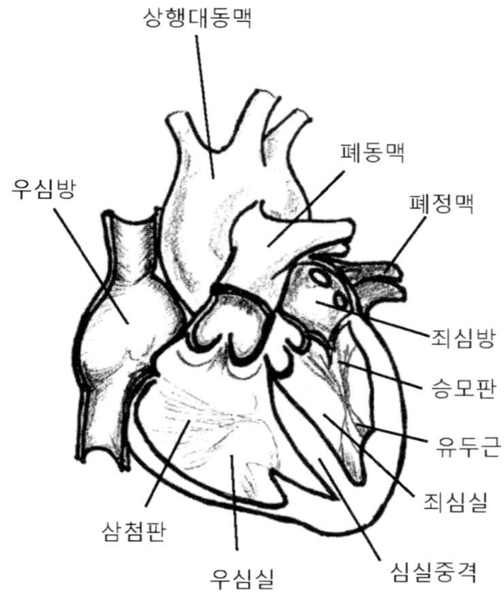

그림 16-1. 염통의 구조

400조 개의 세포로 되어있는 우리 몸을 그물망처럼 분포하고 있는 혈관과 실핏줄의 총 길이는 무려 10km나 되며, 이 혈관과 실핏줄을 통하여 혈액 속에 영양분과 산소를 끊임없이 공급하고 각 세포에서 생성된 탄산가스와 노폐물을 운반하여 몸 밖으로 내 보낸다. 순환기의 중추적인 역할을 하는 한 개의 심장이 가슴중앙에 있는데, 갈비뼈의 보호를 받고 있다(그림 16-1). 심장은 스스로 운동하는 불수의근으로 이루어져 있으며, 규칙적인 수축과 이완 운동으로 혈액을 혈관을 통하여 심장으로부터 온 몸의 세포로 끊임없이 내보낸다.

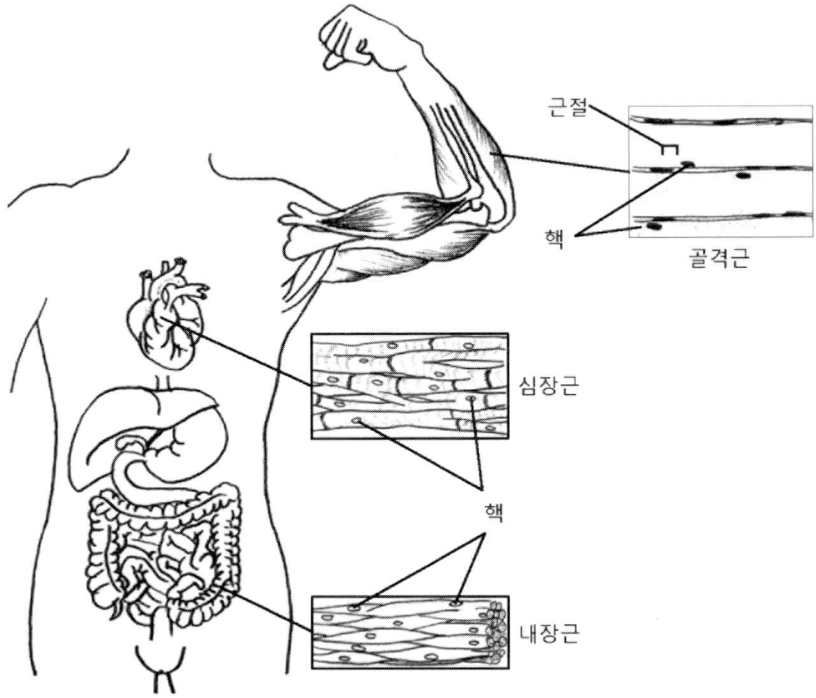

그림 16-2. 우리 몸의 근육의 종류

우리 몸을 구성하는 근육세포는 크게 3가지 형이 있는데 골격근, 심장근 그리고 내장근이다 (그림 16-2). 골격근은 우리 몸의 대부분의 근육을 이루는데 힘줄에 의하여 뼈에 부착하여 뜻에 따라 운동에 참여한다. 골격근을 이루는 섬유세포는 현미경으로 관찰하면 줄을 그은 것 같은 줄무늬가 보인다. 심장근은 심장의 벽을 이루고 우리 뜻에 관계없이 수축 운동을 한다. 심장을 이루는 섬유세포에는 간간히 삽입된 각반이 있고 또한 골격근처럼 줄무늬가 보인다. 내장근은 줄무늬가 없고 내부기관들, 소화기관, 방광과 동맥 등의 벽을 이루는 근 세포이다. 내장근은 골격근보다 훨씬 느리게 수축운동이 일어나며 동시에 우리 의지에 관계없이 오랜 기간 동안 수축운동을 한다.

혈관의 구조

혈관은 혈액을 심장으로부터 내보내는 대동맥과 혈액이 심장으로 돌아오는 대정맥이 있으며, 혈액을 각 조직세포에 운반하는 실핏줄로 되어있다. 또한 혈관은 우리 온 몸을 그물망처럼 싸고 있으며, 여러 가지 물질을 운반하는 통로의 역할을 하고, 혈액이 퍼져나가는 것을 막아준다.

혈액의 구성

물질을 운반하는 혈액은 고형물인 적혈구, 백혈구, 혈소판과 이들이 떠있는 용매인 혈장으로 되어 있는데, 혈장에는 감마 글로불린, 피브리노겐, 호르몬과 당을 포함하고 있다. 혈액을 구성하는 각 요소의 기능을 보면(그림 16-3),

적혈구

적혈구 속에 있는 헤모글로빈 단백질은 철분(Fe)을 포함하고 있어, 산소와 결합하여 산소를 각 조직세포에 있는 실핏줄로 운반하고, 세포에서 발생한 탄산가스를 허파로 운반한 후, 몸 밖으로 내 보낸다.

백혈구(그림 16-3)

세균의 침입과 맞서 싸우는 면역체계에 관여하는데, 여러 종류의 백혈구들이 혈액 내에 존재하여 침입하는 세균을 잡아먹거나 파괴하여 세균의 감염을 방어한다(그림 16-3). 혈액 내에 존재하는 호중성 백혈구는 전체 백혈구 중 약 60%를 차지하며 감염부위에서 식균 역할을 담당한다. 호염기성 백혈구는 1% 미만이며, 알레르기 반응에 중요한 역할을 한다. 호산성 백혈구는 1% 정도이고, 염증에 관여하여 혈액응고와 알레르기 반응에 관여한다. 단핵 백혈구는 전체 백혈구 중 6~8%를 차지하여 실핏줄의 벽을 뚫고 빠져나와서 조직세포로 들어가서 침입한 미생물을 잡아먹어 병원균의 침입을 막는다. 때로는 대식세포로 전환하여 식균 역할을 한다. 또한 림프구는 전체 백혈구의 약 30%를 차지하며 B-림프구와 T-림프구가 포함되는데 면역에 중요역할을 담당한다. 만약에, 혈액 내 백혈구 수가 정상보다 적을 경우는 그 사람의 면역체계가 정상적인 기능을 하지 못하는 것을 의미한다. 백혈구 수가 너무 높으면, 어떤 감염이 일어나고 있다는 것을 암시한다.

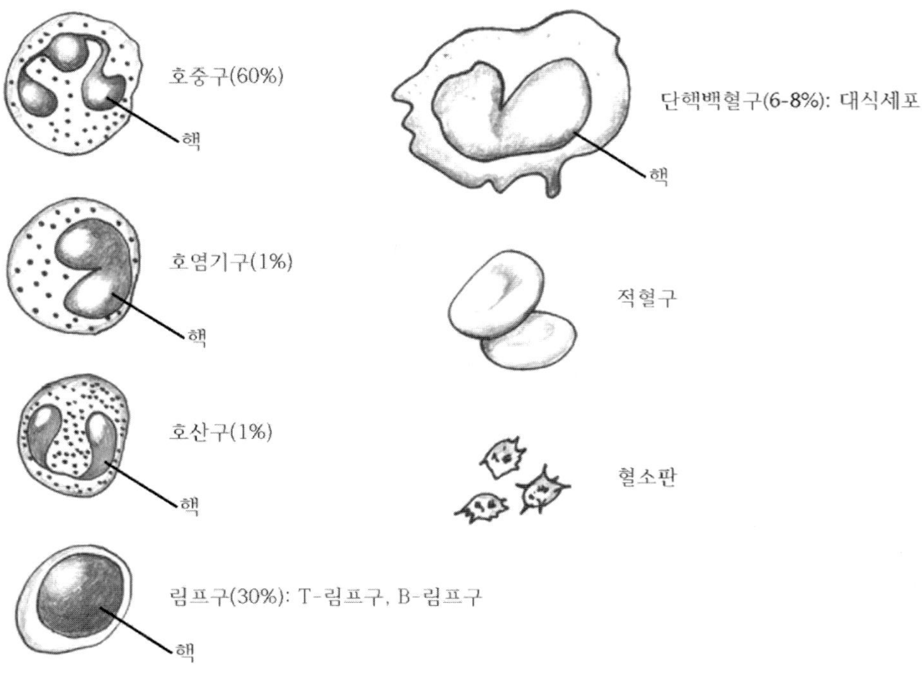

그림 16-3. 혈구의 구성과 기능

혈소판

혈액의 유형성분 중의 하나로 세포의 한 부분이기 때문에 적혈구나 백혈구보다 작으나 혈액응고를 일으키는데 관여한다. 혈액 내 혈소판의 수가 낮으면, 우리 몸에 어떤 암이나 만성 내출혈 병이 있다는 것을 시사하고, 혈소판 수의 증가는 만성 감염이나 혈액관련 병이 있다는 징조라고 판단된다.

감마 글로불린

혈장 속에 포함되어 있으며, 일명, 면역 글로불린이라고도 부른다. 여러 가지 종류의 항체를 만드는 일종의 방어 단백질로서, 항체생산은 세균 감염을 방어하는 면역체계에 의하여 조절된다.

피브리노겐

혈장 속에 있으며 혈액응고에 관여하는 단백질로서, 사고로 출혈이 발생하였을 때, 혈액을 응고시켜 더 이상 혈액의 분실을 막아서 생명을 구한다.

순환체계

우리 몸에 중요한 역할을 담당하는 혈액을 온몸으로 순환시키는데, 허파 순환체계와 체순환체계가 작동하고 있다. 허파순환(폐순환)은 조직세포에 산소를 전해주고 탄산가스를 가져온 혈액은 우선 허파로 들어가, 허파꽈리에서 탄산가스를 방출하고, 산소를 얻은 혈액이 심장으로 되돌아오는 순환계이다(그림 16-4).

이때, 허파꽈리를 둘러싸고 있는 실핏줄은 허파꽈리에 있는 산소와 실핏줄 속에 있는 탄산가스를 확산에 의하여 교환한다. (확산: 물질이 높은 농도에서 낮은 농도로 이동)(그림 16-5). 허파는 현미경으로 볼 수 있는 수백만 개 되는 컵 모양의 주머니 즉 허파꽈리가 모여 이루어진 기관인데 허파꽈리를 이루는 대단히 얇은 막을 통하여 산소나 탄산가스는 자유로이 이동할 수 있다. 성인의 허파는 대략 3백만 개의 허파꽈리로 구성되어 있다. 혈액은 심장으로부터 폐동맥을 통하여 허파꽈리까지 흘러오는데 허파동맥은 작게 나뉘어져서 현미경으로 관찰되는 소동맥으로 나뉜다. 소동맥이 허파꽈리에 닿음에 따라 실핏줄이 되고 적혈구는 실핏줄을 통하여 일렬로 지나가게 된다. 실핏줄에 있는 혈액은 용해된 탄산가스를 운반한다. 숨을 내 뱉을 때는 허파꽈리에 있는 탄산가스 농도가 낮은 반면에 혈액 내 탄산가스 농도는 높아서 혈액으로부터 허파꽈리로 탄산가스가 확산되어 숨과 함께 몸 밖으로 나온다. 탄산가스가 혈액에서 빠져 나오는 동시에 산소는 허파꽈리로부터 혈액 내로 흘러오게 되는데 이는 숨을 들여 마신 후 허파꽈리에 있는 산소의 농도가 높아서, 산소의 농도가 낮은 혈액 내로 확산되어 들어오게 된다. 실핏줄은 소정맥이 되고 혈액을 허파꽈리를 떠나서 결국 허파정맥을 이루어 심장으로 이동한 후 온 몸으로 혈액을 공급한다(그림16-4).

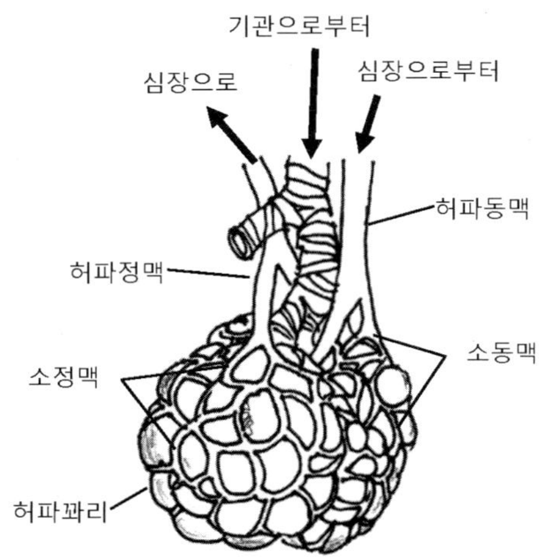

그림 16-4. 폐순환과 가스교환

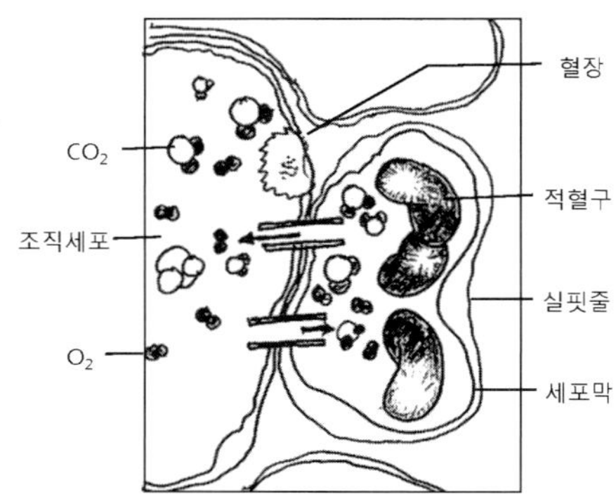

그림 16-5. 산소와 탄산가스 교환

그리고 체순환은 산소를 가진 혈액을 심장에서 나머지 온몸의 조직세포로 운반하는 순환계이다(그림 16-6). 우리는 호흡기를 이용하여 산소와 탄산가스를 주위환경과 교환하고, 순환기를 통하여 영양분과 산소를 온몸의 세포로 수송하는 한편, 세포에서 생긴 탄산가스와 찌꺼기를 허파와 신장으로 운반한다. 이외에도, 혈액은 혈액 속에 분비된 호르몬을 혈관을 따라 수용(받아들이는) 조직세포에 전달한다. 또한 혈액은 열을 운반함으로써 체온을 일정하게 유지한다.

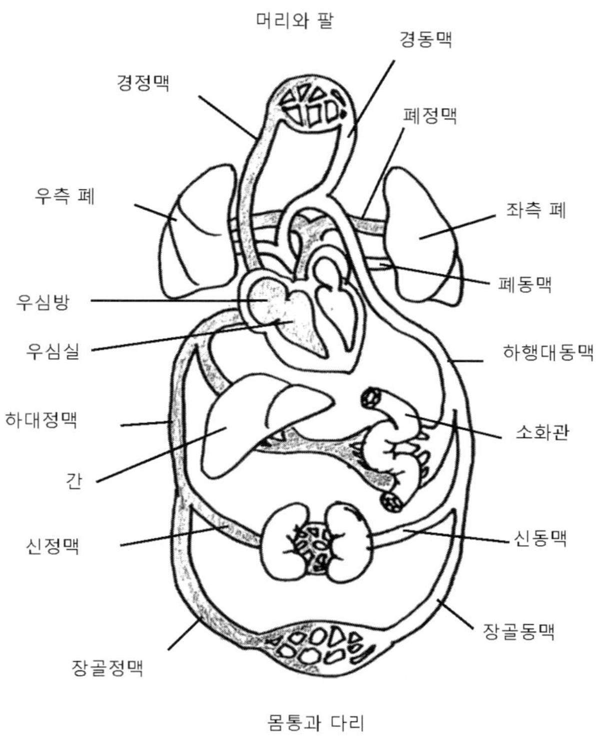

그림 16-6. 몸 전체 순환계

(Tip) 고혈압은?

혈압은 심장의 박동(펌프작용)이 혈관벽에 가해지는 혈액의 힘이다. 따라서 혈관은 이 힘에 반응하여 확장되고 수축된다. 수축기 혈압은 혈액에 의해 혈관벽에 가해지는 압력을 나타내고, 이완기 혈압은 심장이 이완될 때 혈관벽에 가해지는 압력이다. 정상혈압은 대개 120/80mmHg이며 혈압이 140/90mmHg 이상일 때는 고혈압으로 간주된다. 혈압의 상승은 동맥경화 등의 이유로 혈관의 탄성이 떨어져서 심장수축 시에 혈관의 이완이 잘 되지 않아서 일어난다.

(Tip) 동맥경화, 심장마비와 뇌졸증

비만에 의한 혈압증가는 혈관 내벽을 손상시켜 콜레스테롤이 손상부위에 축적되어 혈관 내벽을 두껍게 하는데 이와 같이 혈관이 좁아지는 현상을 동맥경화라고 한다. 심장마비는 심장으로 혈액을 공급하는 혈관의 이상으로 심장으로의 혈액공급이 일시적으로 갑자기 차단될 때 일어나는 현상이다. 뇌졸증은 뇌로 혈액을 공급하는 혈관이 막히거나 터지면서 혈액공급이 중단되어 뇌의 기능이 갑자기 멈추는 현상이다.

제 17장 신경계와 내분비 - 학습과 판단 - 기억현상 - 치매

우리 몸의 맨 바깥쪽(말초)에는 주위 환경에 대한 정보를 받아들이는 여러 종류의 감각기관이 있다. 즉 눈으로부터 빛을 감지하여 주위 모습을 보게 하고, 귀는 소리를, 코와 입은 사물의 냄새와 맛을, 그리고 피부는 사물의 상태를 감지하여 그 정보들을 말초 신경을 통하여 뇌 기관으로 보낸다. 뇌 기관은 수집된 정보를 분석하여 그 대응 결과를 운동기관으로 전달하여 적절한 대응 조치를 수행하게 한다. 주위 환경의 변화를 감각기관을 통하여 들어오는 감각 신호를 뇌로 전달하고 전달된 정보를 잘 분석하여 우리 몸을 잘 대처하는 반응을 나타낸다. 또한 호르몬은 우리 몸을 이루는 세포의 활동을 조절하며 감시한다.

신경계

우리는 주위환경의 변화에 지혜롭게 잘 대처한다. 우리 몸의 반응은 주위 환경의 정보를 감각기관을 통하여 잘 받아서, 머릿속에 있는 뇌기관으로 전달하고, 뇌기관은 받은 정보를 분석하여, 최종 결론을 확정한 후, 행동 명령을 수행기관(운동기관)에 전달함으로써 이루어진다.

감각신호와 수용기관

감각신호는 일반감각 수용기와 특수감각 수용기로 구분되는데 이들 신호를 수용하는 수용기관도 특수화되어 있다. 일반감각 수용기는 우리 온 몸에 퍼져 있는데 피부, 복부에 있는 내장기관, 근육과 관절에 있다. 그리고 특수 감각 수용기들을 보면, 화학물질 수용기는 입과 코 속에, 빛 수용기는 눈에, 움직임 수용기는 귀 속에 존재한다(표 17-1).

표 17-1. 수용기의 종류와 기능

수용체	위치	기능
화학 수용기	혀의 미뢰, 비강속 섬모	음식과 공기에서 화학물질 검출
기계적 수용기	귀속 섬모	고막과 이소골의 움직임 검출
삼투압 수용기	시상하부	혈중 용질의 농도 검출
광 수용기	눈의 망막	빛 검출
고유 수용기	근육	팔다리의 움직임과 위치 검출
신장 수용기	폐, 힘줄, 인대	근조직의 늘어남을 검출

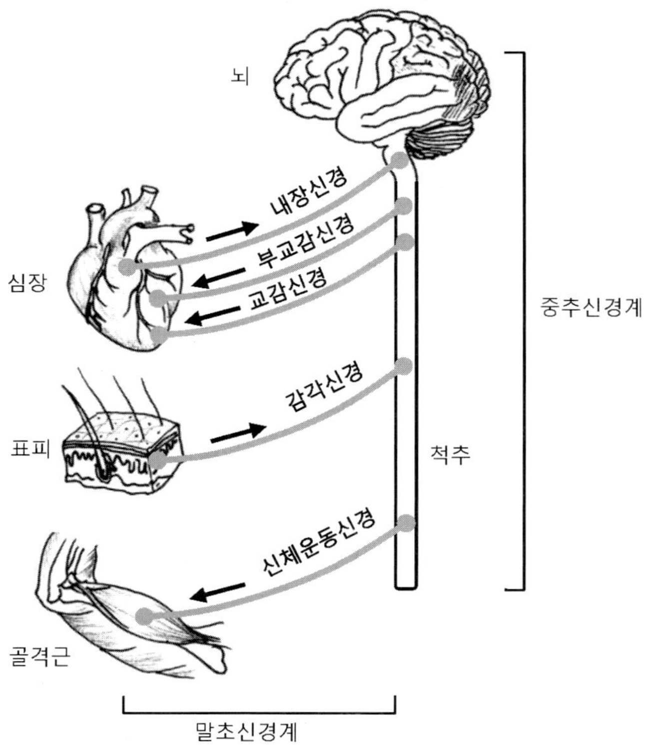

그림 17-1. 중추신경계와 말초신경계

중추신경계와 말초신경계

사람과 같이 모든 감각신호가 뇌 기관으로 집약되는 동물의 신경계는 중추신경계와 말초신경계로 구성되어 있다. 중추신경계는 뇌와 척수로 이루어져 있다. 말초신경계는 우리 온 몸에 퍼져있는 신경들로 이루어진다(그림 17-1).

뉴런의 구조와 기능

중추신경과 말초신경은 뉴런세포로 되어 있는데, 뉴런세포는 감각신호를 뇌로 전달하는 감각뉴런과 뇌로부터 수행명령을 수행기관에 전달하는 운동뉴런으로 구분된다. 뉴런은 나뭇가지처럼 가지를 가진 세포체와 긴 축삭을 가진 세포인데(그림 17-2), 감각신호가 특수화된 수용 기관을 통하여 접수되면, 감각뉴런의 가지를 통하여 수용된 후 전기충격 신호로 축삭을 따라 이동하다가 뉴런세포의 다른 한쪽 끝, 축삭말단에 이르면 다음 뉴런의 돌기와 직접 연결되어 있지 않아서 계속하여 전기충격 신호를 전달할 수 없다. 앞의 뉴런의 축삭말단과 다음 뉴런의 가지 돌기 사이가 떨어진 곳을 시냅스라고 한다(그림 17-3). 시냅스에서는 전기신호가 신경세포가 방출하는 신경전달물질인 화학물질 신호로 전환하여 다음 뉴런세포의 가지에 전달되고 다시 전기신호로 전환되어 축삭을 따라 이동하다가 척수를 거쳐 결국 뇌 기관에 도달하게 된다. 뇌 기관에 전달된 정보는 담당부위에서 분석하고 판단한 후에 최종결정의 행동명령을 운동뉴런을 통하여, 감각뉴런과 반대방향으로 척수신경을 거쳐, 말초신경의 운동뉴런과 연결되어 마지막 수행기관(운동기관)에 전달된다.

말초신경계

뉴런세포로 구성되어 있으며, 뇌와 척수를 제외하고 온 몸에 퍼져있고, 수행기관(운동기관)에 연결되어 있다. 대표적으로 심장과 내장에는 교감신경과 내장신경, 표피에는 감각신경 그리고 골격근에는 운동신경이 퍼져있다(그림 17-1).

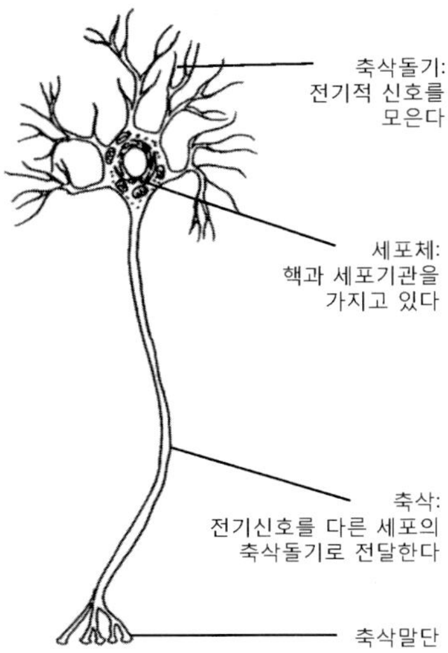

그림 17-2. 뉴런의 구조

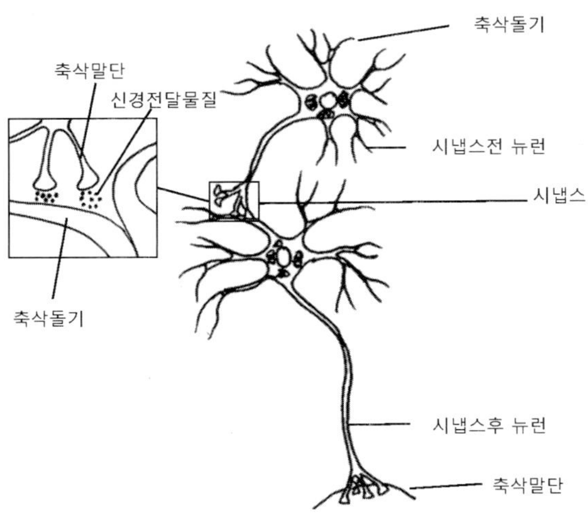

그림 17-3. 시냅스의 구조

척수

중추신경계에 속하며, 척수의 중심에는 운동 뉴런의 세포체와 연합 뉴런들이 들어있고 척수의 바깥부위는 뇌와 말초신경계로 오가는 신경섬유들이 다발로 묶여있다. 척수는 뇌로 들어가는 정보나, 뇌로부터 나오는 정보가 마땅히 통과해야 할 통로이다. 척추골이라는 등뼈가 척수를 둘러싸서 척수가 손상되는 것을 방지한다. 척수신경은 척추골 사이로 갈라져 나와 온몸에 퍼져있는 말초신경과 연결된다(그림 17-4). 척수는 또한 반사 운동의 중추 역할을 한다. 반사운동은 외부의 자극에 대하여 자동적으로 일어나는 반응이다. 척수신경에는 감각뉴런과 운동뉴런 사이에 연합 뉴런이 있는데, 연합 뉴런은 정보를 뇌로 전달하지 않고, 곧바로 운동뉴런을 통하여 말초신경을 거쳐 수행기관(운동기관)에 전달한다(그림 17-5). 반사운동은 위험한 자극에 대하여 우리 몸이 재빨리 반응하도록 한다. 예로서, 뜨거운 물체를 만졌을 때 촉각 수용기에서 뜨거운 신호를 감각뉴런을 통하여 척수에 전달하게 된다. 척수 안에 있는 연합뉴런은 뜨거운 신호를 뇌로 전달하지 않고 바로 운동뉴런에 전달하여 뜨거운 물체에서 손을 떼도록 한다. 뉴런 세포는 더 이상 세포분열을 할 수 없어 손상이 되면 회복이 불가능하다. 이 때문에, 척수신경(뉴런)이 손상되면 척추마비가 오고 더 이상 치료가 불가능해진다.

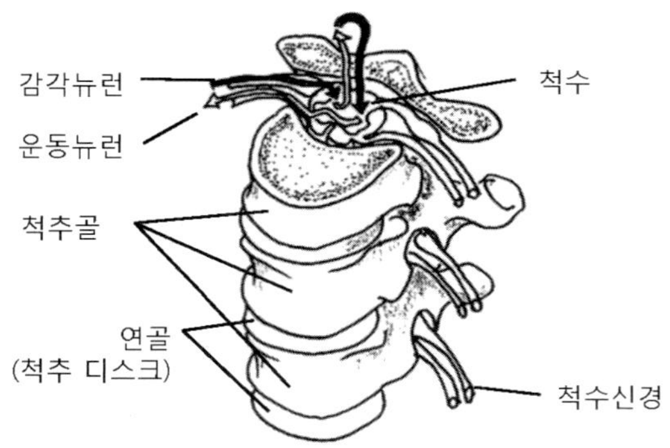

그림 17-4. 척수와 척추골

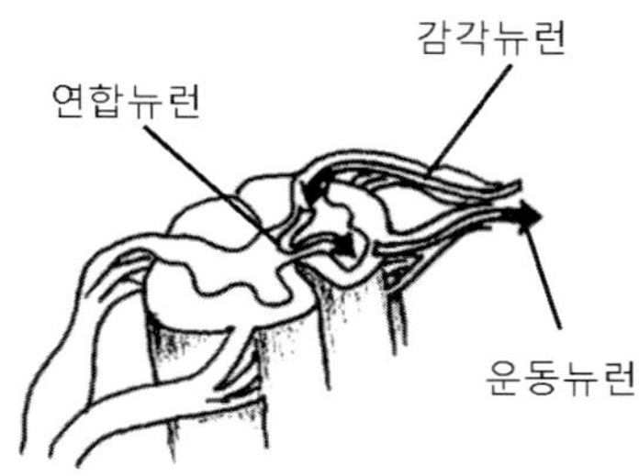

그림 17-5. 연합뉴런

뇌

뇌로 전달된 모든 정보를 분석하고 판단하고 최종적으로 결정하여 우리 몸의 반응을 나타내도록 명령하는 기관이다. 뇌에는 3개의 조절센터가 있는데, 감각기관을 통하여 오는 정보를 처리하는 센터, 감정과 지식을 조절하는 센터와 몸의 균형을 조절하는 센터들이다. 뇌는 1,000억 개의 신경세포로 이루어져 있는데, 뉴런세포와 뉴런세포에 영양분을 공급하고, 뉴런세포를 미생물의 침입으로부터 방어해 주는 교세포로 구성되어 있다. 뇌는 두개골 안에 보호받고 있으며, 뇌척수액이라는 액체에 잠겨있다. 뇌는 대뇌, 시상, 시상하부, 소뇌, 뇌간 등 해부학적 그리고 기능적으로 세분할 수 있다(그림 17-6).

대뇌는 또한 시각 정보 처리하는 후두엽, 공간 지각, 신체감각, 운동에 관여하는 두정엽, 청각정보와 기억에 관여하는 측두엽, 사고 작용과 일을 계획하고 창의하는 전두엽으로 구성된다. 대뇌는 좌반구와 우반구로 나뉘며 좌반구는 주로 언어처리, 논리적 분석 작용을 수행하고 우반구는 공간지각, 예술적, 추상적 정보 처리를 주로 담당 한다 (그림 17-7).

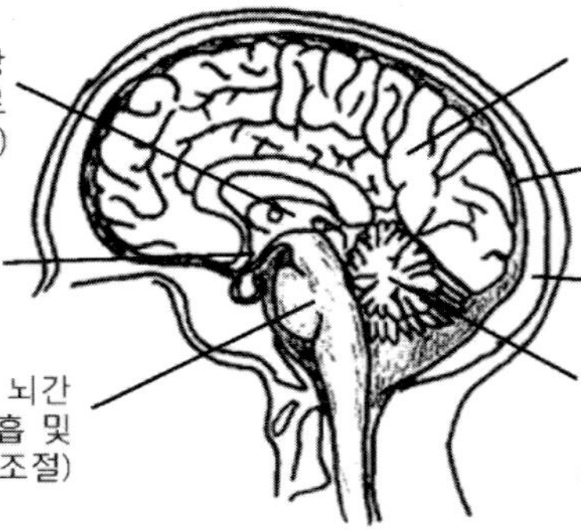

그림 17-6. 뇌의 해부

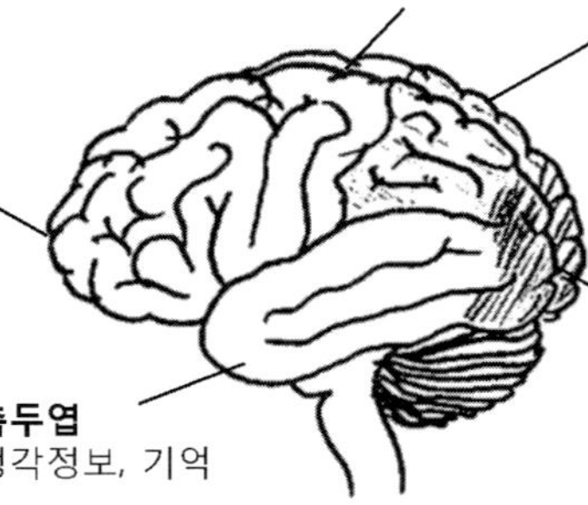

그림 17-7. 대뇌의 구조

기억현상

옛날에 경험한 옛 추억이 어떻게 한 순간에 떠오를까? 앞에서 배운 지식을 종합해 보면, 우선 어떤 종이나 개체가 나타내는 형질(특징)은 그 종이나 개체가 가진 유전자들에 의해서 결정되고 그 수단으로 유전자가 만들어낸 수많은 단백질들의 상호작용에 의하여 형질을 나타낸다고 정의 하였다. 그러면 10년 혹은 20년 전에 경험한 것들을 어떻게 한 순간에 다시 기억해 낼 수 있을까? 만약 기억에 관련된 유전자들이 있다면, 먼저 DNA 분자 속에 있는 유전자로부터 전령 RNA를 만들기 위해 전사가 일어나야 하고 만들어진 전령 RNA가 세포질 속으로 이동하여 번역과정을 통하여 유전자의 최종 산물인 기억단백질을 합성해야 하는 번거롭고 시간이 걸리는 과정이 필요하다. 그러나 한 순간에 과거의 경험을 기억해 내는 기능, 즉 형질은 어떻게 설명 되어야 하나? 또한 우리가 책을 읽을 때 방금 읽은 문장을 즉시 기억하고 문장의 의미를 생각한다. 너무나 짧은 순간에 일어나는 이 기능을 어떻게 설명할 수 있을까? 일반적인 유전자의 기능으로 설명할 수 없다. 그 어떤 형태의 정보(?)가 뇌를 구성하는 뉴런세포 어디에 안전하게 구축된 그물망(network)으로 존재 하는지?

내분비계

우리 몸은 성장을 하면서 남성으로서 또는 여성으로서의 특성을 나타내며 성숙한다. 호르몬은 우리 몸을 이루는 특정한 세포의 활동을 조절하고 혈액의 구성 요소의 변화를 감시하며, 필요한 경우에는 조절한다. 또한, 호르몬은 화학적인 신호 전달 물질로 대사, 생식과 발생과정을 조절한다. 내분비계는 호르몬의 작용뿐만 아니라 호르몬 생산과 분비하는 내분비 샘, 그리고 특정한 호르몬의 작용에 대하여 반응하는 표적세포를 포함하는 기관계이다(그림17-8).

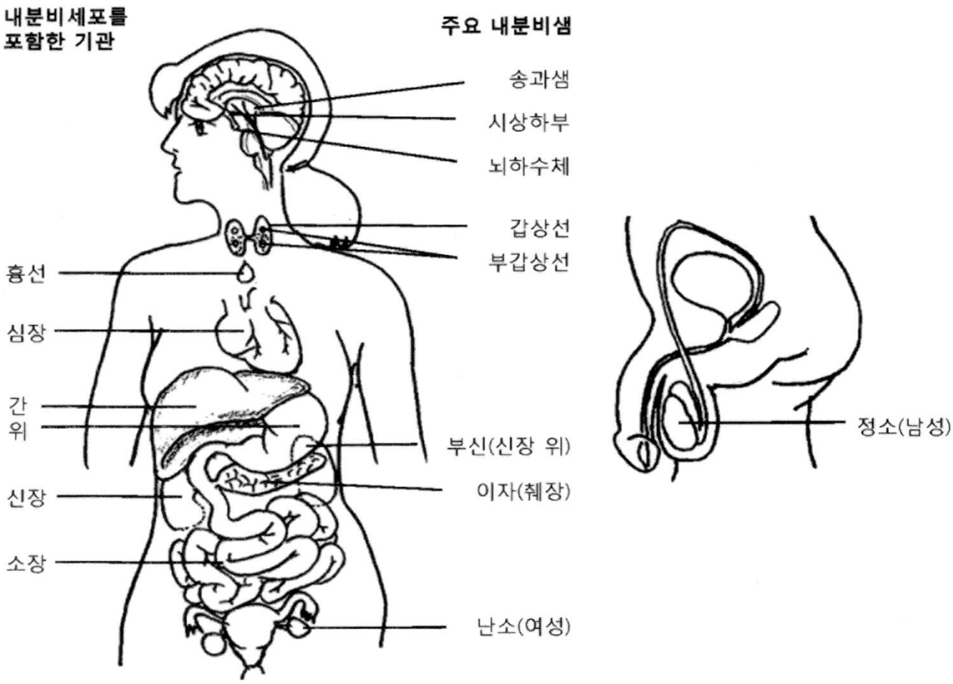

그림 17-8. 내분비 샘

호르몬과 표적세포

호르몬은 내분비 샘이나 기관에서 생산되어 혈관 속으로 분비된다. 호르몬은 일종의 화학물질인 신호전달물질로서 혈관을 따라 이동하다가 특정한 표적조직세포에 흡수된 후 영향을 나타낸다(표 17-2). 그리고 특정한 호르몬에 대하여 반응하기 위해서는, 그 호르몬에 대한 수용체(받아들이는 물체)를 가지고 있어야 한다. 호르몬은 크게 두 개의 군으로 나눌 수 있는데 펩티드 호르몬과 스테로이드 호르몬 이다.

표 17-2. 중요 호르몬의 기능

분비선(기관)	호르몬 종류	기능
사상하부	방출호르몬 억제호르몬	뇌하수체호르몬 분비 뇌하수체호르몬 저장
뇌하수체	항이뇨호르몬 여포자극호르몬 황체형성호르몬 프로락틴 성장호르몬 갑상선자극호르몬 옥시토신	신장의 물 흡수 생식세포 생산 난소 정소 성숙 유방의 젖 생산 뼈 성장, 세포분열 갑상선 자극 유방의 젖 분비, 출산 시 자궁 수축
췌장(이자)	인슐린 글루카곤	혈액 속 당의 농도를 낮춤 혈액 속 당의 농도를 높임
부신	아드레날린 무기질코르티코이드 당질코르티코이드	신장대사와 혈당증가 혈관수축, 심장박동 증가 혈중 나트륨과 칼륨 수준 조절 혈당량을 높이고 지방분해 촉진 염증억제
갑상선	티록신T4 칼시토신	체세포들의 대산활성 촉진 혈중 칼슘 수준을 낮춤
송과선	멜라토닌	수면조절
난소	에스트로겐	난자세포의 발달 촉진, 월경, 임신과 여성특성 조절
정소	테스트스테론	정자형성 촉진, 남성특성 유지 조절
가슴샘	티로신	어린이 T- 세포 성숙

펩티드 호르몬

인슐린처럼 소수의 아미노산으로 구성된 분자량이 작은 단백질 호르몬이다. 펩티드호르몬은 친수성이어서 지방을 포함하는 세포막을 통과할 수 없다. 펩티드호르몬의 수용체는 표적세포의 세포막에 끼어있으며 호르몬은 이 수용체에 먼저 결합하여 수용체를 활성화시키고, 세포질 안쪽의 수용체 부분을 변화시켜, 세포 속으로 신호를 전달한다. 신호를 중계하는데 관련된 일련의 다른 단백질들을 반응하여 특정한 세포반응을 유도한다. 세포 외부로부터 내부로 신호를 전달하는 연쇄반응을 신호전달이라 한다(그림 17-9a).

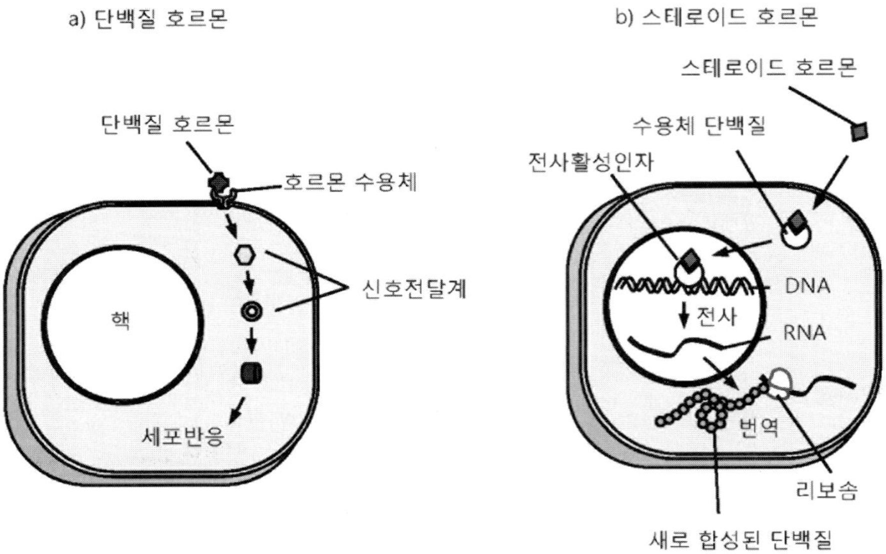

그림 17-9. 호르몬의 작용 a) 단백질 호르몬 b) 스테로이드 호르몬

스테로이드 호르몬

남성호르몬인 테스토스테론이나 여성호르몬인 에스트로겐은 지질로 되어 있다. 따라서 지용성이어서 세포막을 쉽게 가로질러 세포질 속으로 들어갈 수 있다. 스테로이드 호르몬의 수용체는 표적세포 내부에 있는데, 세포막을 통과한 호르몬은 세포질 속에서 수용체와 결합한다. 호르몬-수용체 복합체는 핵 속으로 스며들어가 전사활성 인자로 작용하여, 특정한 유전자를 발현시켜 새롭게 합성된 단백질이 그 호르몬에 대한 표적세포의 반응을 나타내게 한다 (그림 17-9b).

호르몬의 일반적 기능

사람의 성장호르몬은 어린 아이 시기부터 청년기까지 정상수준으로 갑상선에서 분비되어 성장을 조절 하는데, 너무 많이 혹은 너무 적게 분비되면, 거인이나 난쟁이가 된다. 곤충에서는 탈피(곤충이 성장하려면 작은 껍질로부터 벗어나야 함)에 관여한다.

그리고 태아의 정상적인 개체발생과 성숙이 합당하게 그리고 적절한 시기에 일어나도록 조절한다. 곤충에서는 유충호르몬이 있는데 곤충변태(애벌레->번데기->성충)를 주도한다. 우리 몸에서 발견되는 주요 호르몬의 종류, 호르몬을 생산하는 내분비 샘, 작용기작 등은 다음 표에서 기술한다(표 17-2).

(Tip) 치매란?

일명 알츠하이머병 이라고 하는데, 나이가 들면서 기억력이 점차 감퇴되고 인지기능의 저하가 나타나기 시작한다. 기억력이 약해질 뿐 아니라 언어구사력도 떨어지고 주의집중도 약해지고 문제를 푸는 능력도 감소된다. 그러나 이런 현상이 과도하게 일어나는 경우를 치매라고 한다. 치매에도 여러 유형들이 있지만 혈관성 치매 즉, 뇌혈관의 손상으로 뇌에 혈액이 제대로 공급되지 못해 뇌세포와 뇌 조직이 죽으면서 치매 증상이 동반 되는 경우와 알츠하이머 성 치매로서 독성물질인 베타아밀로이드(beta-amyloid)가 쌓이면서 뇌세포들의 기능이 점차 소실되어 가는 경우가 가장 대표적이다.

알츠하이머병은 일단 발병되면 점차 증상이 악화되는 진행성 질환이다. 발병 초기에는, 최초에 겪었던 일들에 대한 기억을 제대로 회상하지 못하는 증상이 나타난다. 그리고 새로운 것을 배우는 게 점차 어려워진다. 사물에 대한 지각력도 떨어지고 일부 단어가 쉽게 기억이 나지 않고 언어 구사력도 유창하지 못하게 되며 몸을 움직여 어떤 행동을 하는데도 다소 불편함을 갖게 된다. 그러나 흥미롭게도 자신의 과거에 관한 기억을 회상하거나 어릴 때 배운 학습내용과 특히 운동기술과 몸에 밴 버릇 등은 거의 변함이 없다. 그러나 치매가 심화될수록 정상적인 정신적 육체적 활동이 불가능하게 되어 주변인의 보호와 간병이 더욱 필요하게 된다. 일부 알츠하이머 치매는 65세 이전에 발병하는 유전성을 나타낸다.

(Tip) 본능행위는 어떻게 일어날까?

갓 태어난 아기가 엄마의 젖을 찾아 빨면서 젖을 먹는다. 이와 같이 이전에 교육이나 경험이 없어도 의식 없이 하는 행위를 본능이라 한다. 우리 몸에는 본능에 관여하는 유전자들이 있어 충분한 시간을 가지고 유전자들로부터 전령 RNA를 합성한 후 유전자의 최종 산물인 단백질들이 만들어져 있어 본능행위를 나타낸다.

제 18장 소화계와 배설 - 당뇨병이란?

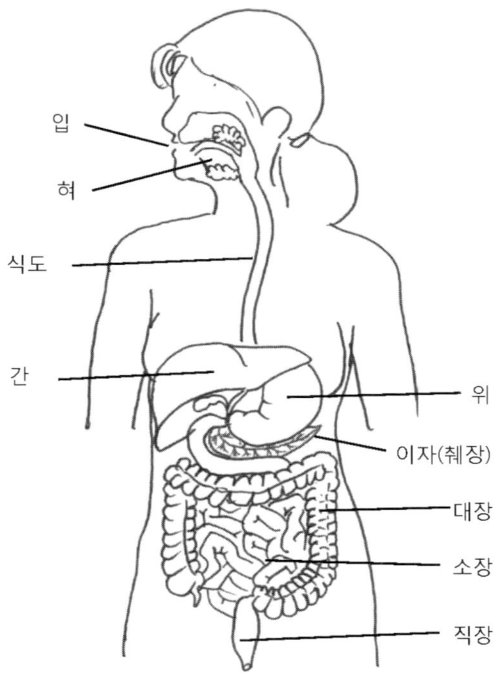

그림 18-1. 소화기관계

사람은 탄수화물, 단백질, 지방과 같은 영양분을 섭취, 소화하여 음식물에 저장된 화학에너지를 ATP로 전환시켜 물질대사, 운동, 생식 등 생명현상을 나타내는데 사용한다. 뿐만 아니라 음식물에는 생합성에 필요한 원료들이 포함되면서 우리 몸이 합성 못하는 필수영양소도 포함되어야 한다.

우리가 음식물을 섭취하면, 우리의 소화계는 곧바로 음식을 분해하고, 음식물속에 있는 영양분을 추출하여 작은창자에서 혈액 속으로 흡수된다. 남은 고형 찌꺼기는 큰창자를 통하여, 그리고 질소를 포함하는 노폐물은 비뇨기를 통하여 배설된다.

소화기관과 배설기관

우리 몸의 소화계를 구성하는 기관과 역할을 보면, 1) 입, 2) 위, 3) 작은창자, 4) 큰창자 등이며(그림 18-1), 배설기관은 1) 신장, 2) 직장, 3) 방광 등이다(그림 18-2).

입

음식물의 소화는 입에서부터 시작된다. 우선, 음식물을 치아로 잘게 부수고, 혀에 있는 맛 돌기를 통하여 전달된 정보를 뇌에서 분석한 후, 분비된 침과 잘게 부서진 음식물을 혀를 이용하여 잘 혼합시킨다. 이때, 침 속에 분비된 아밀라아제 효소에 의하여, 음식 속에 있는 녹말은 포도당으로 분해된다. 혀는 소화를 시작한 음식물을 목구멍으로 넘기고, 계속하여 음식물을 식도를 통하여 위 속으로 밀어 넣는다.

위

음식물이 위 속으로 들어오면 침샘 아밀라아제의 분해 작용은 끝나고, 위 속에는 염산(HCl)과 다른 효소들이 있어, 새로운 소화가 시작된다. 위에는 단백질 분해효소인 펩신이 분비되어 단백질을 아미노산으로 분해되고, 소화된 끈적끈적한 음식물은 작은창자 속으로, 한 번에 조금씩 분출되듯이 이동한다. 위의 내벽에는 두꺼운 점액층이 발달해 있는데 이는 위 내강으로 분비되는 위산과 펩신으로부터 위벽이 소화되는 것을 막아주는 역할을 한다. 이 점액은 위산을 비롯한 약물이 투과하지 못하며 헬리코박터 파이로리가 이 점액 속에 숨어산다.

작은창자

작은창자에 도달한 음식물은 간과 췌장의 도움을 받아서 쉽게 흡수될 수 있도록 더욱 작게 분해된다. 간에서는 쓸개즙을 작은창자 속으로 분비하여 지방을 물에 잘 용해시켜, 쉽게 분해될 수 있도록 하는 혼합용액을 만든다. 췌장은 췌장주스를 분비하는데, 췌장주스 속의 리파제는 지방을 지방산과 글리세린으로 분해하고, 아밀라아제는 탄수화물을 이탄당으로, 이탄당을 일탄당으로 분해한다. 그리고 췌장주스 속에 있는 트립신과 키모트립신 효소들은 단백질과 펩티드를 더욱 잘게 아미노산들로 분해한다. 분자량이 작게 소화된 영양분은 작은창자에 있는 실핏줄을 통하여 혈액 속으로 흡수된다.

큰창자

음식을 소화하여 얻은 영양분을 작은창자에서 혈액 속에 흡수한 후, 남은 물질은 큰창자로 이동하는데, 이곳에서 대변이 형성된 후, 저장창고 역할을 하는 직장으로 옮겨간다. 큰창자에서 물과 전해물이 남은 찌꺼기로부터 흡수되어, 우리 몸의 탈수를 막아준다. 만약, 물이 너무 많이 흡수되면, 변비가 일어나고, 너무 적게 흡수하면 설사를 하게 된다. 또한, 큰창자에서 전해물인 나트륨(Na)나 칼륨(K) 이온을 흡수하여 모으는데, 원형질막을 통한 에너지를 필요로 하는 물질수송에 이들 이온이 꼭 필요하다. 또한, 큰창자는 혈액으로부터 나트륨이나 칼륨이온을 모아서 근육조직이나 신경조직으로 분비하는데, 이들 이온의 양이 정상이 아닐 때에는 정상적인 근육수축과 신경조직에서 신경신호를 바르게 전달하는데 영향을 미친다.

배설기관, 신장

단백질이나 핵산을 분해할 때 형성되는 질소를 포함하는 찌꺼기는 오줌으로 몸 밖으로 배설된다.

우리 몸에 있는 신장은 오줌을 생산하는 기관이다. 신장은 갈비뼈 바로 밑에, 등뼈를 중심으로 양편에 두 개가 있다(그림 18-2).

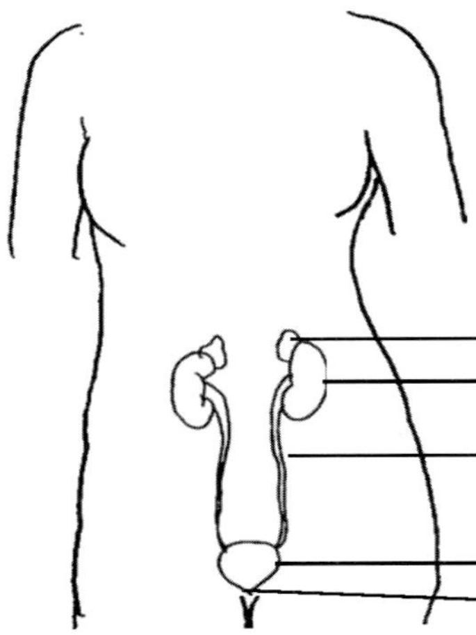

그림 18-2. 배설기관계

(Tip) 혈액 내 포도당양의 조절

소화된 혈당이 혈액을 따라 온몸을 순환하다가 멈추는 곳이 바로 간이다. 간은 혈액 내 혈당량의 이상을 감지하고 정상수준으로 바로 잡아, 혈당량을 조절한다. 만약에, 혈액 내 포도당 수준이 너무 높으면 간은 혈액 속에 있는 포도당을 간세포로 가지고 가서 글리코겐으로 저장한다. 충분히 글리코겐으로 저장했는데도, 혈액 내 포도당이 많이 남아 있으면, 간은 대사과정을 전환하여 포도당을 지방으로 전환하여 저장한다. 전환된 지방은 간세포에서 혈액을 통하여 몸의 다른 조직에 있는 지방세포로 이동하여 저장된다. 만약에, 혈액 내 포도당의 양이 너무 적으면, 간은 제일 먼저 저장해둔 글리코겐을 포도당으로 다시 전환시켜 혈액 내로 보내고, 저장한 글리코겐을 모두 사용하면, 지방세포에 저장한 지방도 포도당으로 전환하여 우리 몸의 세포에 공급한다(그림 18-3). 혈액 내 포도당의 양이 적절하게 유지되어야 하는 점은 포도당이 뇌 기관 활동에 유일한 에너지원이기 때문이다. 만약에, 혈액 속에 포도당이 없으면, 뇌 기관에 포도당을 공급하기 위하여 우리 몸의 일부라도 분해하여 포도당으로 전환해야 한다. 굶는 경우가 되면, 혈액 내 혈당을 유지하기 위하여 우리 몸의 근육 단백질을 분해하여 에너지원으로 사용한다. 우리의 심장도 단백질로 되어있다는 것을 생각해 보라!

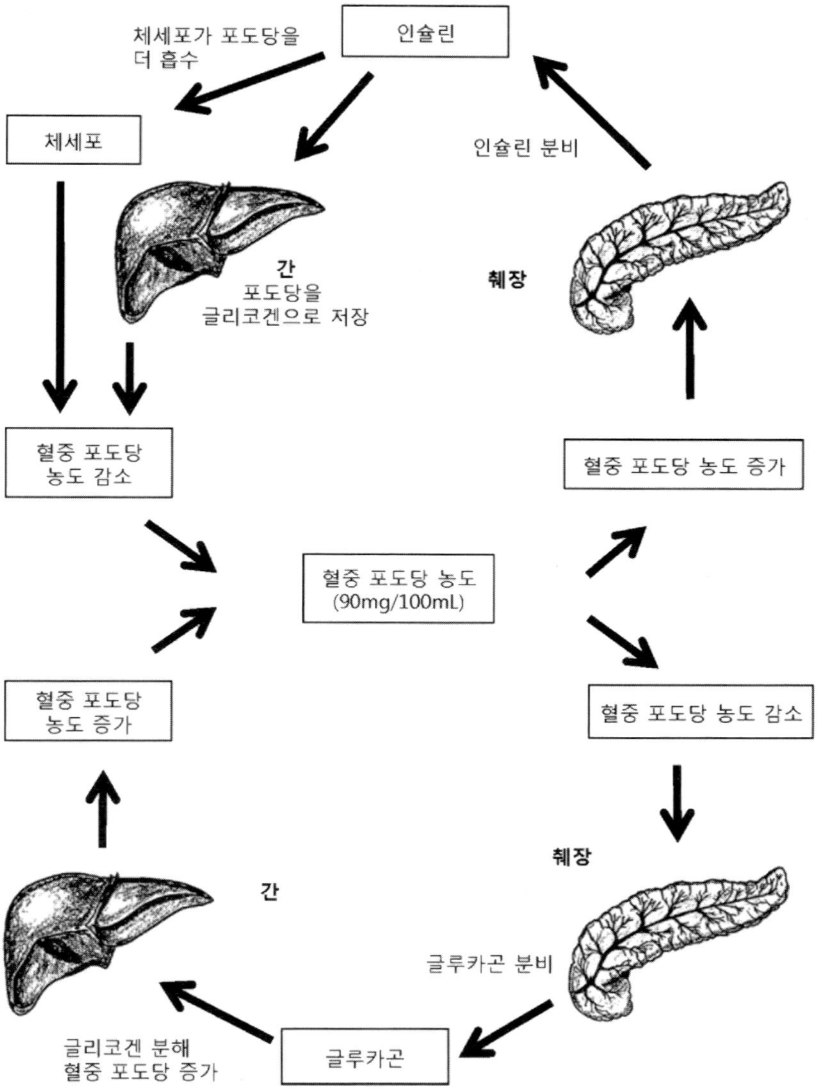

그림 18-3. 인슐린과 글루카곤의 길항작용, 글루카곤과 인슐린은 이자(췌장)에서 만들어지며 모두 혈당조절에 관여하는 단백질 호르몬이다. 글루카곤은 혈당을 올려주는 호르몬으로 간세포에 저장된 글리코겐을 포도당으로 분해하여 혈액으로 분비하게 한다(표 17-2).

(Tip) 당뇨병이란?

사람의 혈액 내 표준 혈당의 농도는 90mg/dl 이다. 포도당은 세포호흡에 있어 중요한 연료로 사용되며 탄수화물 합성에 중요한 재료이기 때문에 표준혈당을 유지하는 것은 대단히 중요하다. 인슐린은 세포가 포도당을 에너지로 전환하도록 세포로 하여금 당을 흡수하게 하는 역할이다. 당뇨병은 여러 가지 이유로 인슐린이 결핍되거나 인슐린 표적세포가 인슐린에 대한 감수성이 줄어들어서 혈액 내 포도당의 농도가 올라가게 되고 심장, 혈관, 눈과 신장에 나쁜 영향을 미치는 노인병이다. 당뇨병 환자는 신장에서 흡수할 수 있는 포도당의 양 보다 많아서 소변으로 대량 배출된다. 당뇨병에는 두 가지 종류가 있는데 그 원인은 다르다.

제 1형 당뇨병: 면역계가 인슐린을 생산하는 췌장의 베타세포를 파괴하는 일종의 자가면역 질환이다. 보통 어린 시절에 발생하는데 인슐린을 생산하지 못하여 매일 인슐린 주사를 맞아야 한다. 비만과는 연관이 없다.

제 2형 당뇨병: 보통 40세 이상에서 나타나는데 보다 일반적인 당뇨병 이다. 인슐린 분비 감소나 혹은 인슐린 수용체를 이루는 수용세포의 변화에 의하여 인슐린에 대한 감수성이 감소하여 혈액에 있는 포도당을 흡수하지 못하여 혈중 포도당의 농도가 높다. 유전이 중요한 원인이 되지만 과체중과 운동부족이 병의 진도를 증가시킨다. 당뇨병 환자의 90% 이상이 제2형 당뇨병이지만 규칙적인 운동과 음식조절에 의하여 어느 정도 당뇨병을 예방 할 수 있다.

제 19장 인간의 생식과 발생
- 남녀 생식기관 - 월경주기 - 수정과 배아발생

지구상에 서식하는 모든 생물처럼 인간의 생식도 인간 종이 계속해서 존속하도록 자손을 생산하는 과정을 의미한다. 따라서 인간의 정자와 난자의 생산은 인간 종의 영속을 위하여 꼭 필요한 것이다. 정자와 난자를 생산하는 남성과 여성의 생식계의 구조는 어떻게 구성되어 있을까? 정자와 난자는 감수분열을 통하여 형성되는데 특히 여성 생식기인 난소에서 난자가 생산되는데 성숙된 후 배란이 일어나고 정자와 결합하여 수정되어 배아로써 복잡한 발생과정을 통하여 건전한 태아로 성숙되고 완전한 개체로 발달한 후 출산된다. 배아와 태아의 발생과정에 생식에 관련된 많은 호르몬들의 상호작용에 의하여 이루어지고 이에 따른 배아세포가 체세포분열을 통하여 태아로 발달하는 복잡한 과정을 수행한다.

남성의 생식기관

일차적인 기능은 우선 정자를 생산하는 것이고 다음으로 수정이 일어나는 여성의 생식기로 정자를 운반하는 기능을 가지고 있다. 음낭은 두 개의 고환을 담고 있는 주머니인데, 고환은 복잡하게 꼬인 수많은 관들로 구성된 세정관 속에서 정자가 생산된다. 정자가 성숙되는 기간은 약 60일 정도인데 정자들은 고환상단에 있는 6cm 되는 부고환으로 들어가서 20여 일간 통과하면서 난자를 수정시킬 수 있는 운동성을 가진 정자로 성숙한다. 전립선은 호두만한 크기이고 요도를 둘러싸면서 산성 액을 분비하여 정자가 가진 여러 가지 유용한 효소들을 활성 시켜 수정을 도와준다(그림 19-1a, 표 19-1).

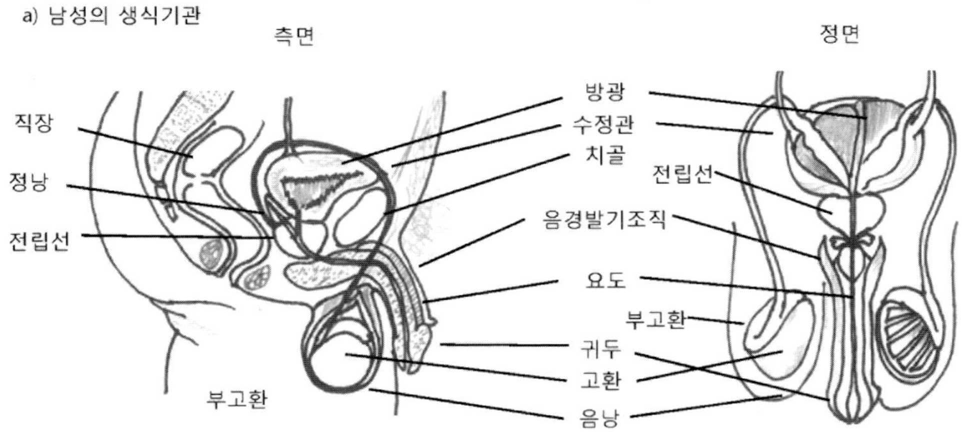

그림 19-1a. 남성의 생식기관

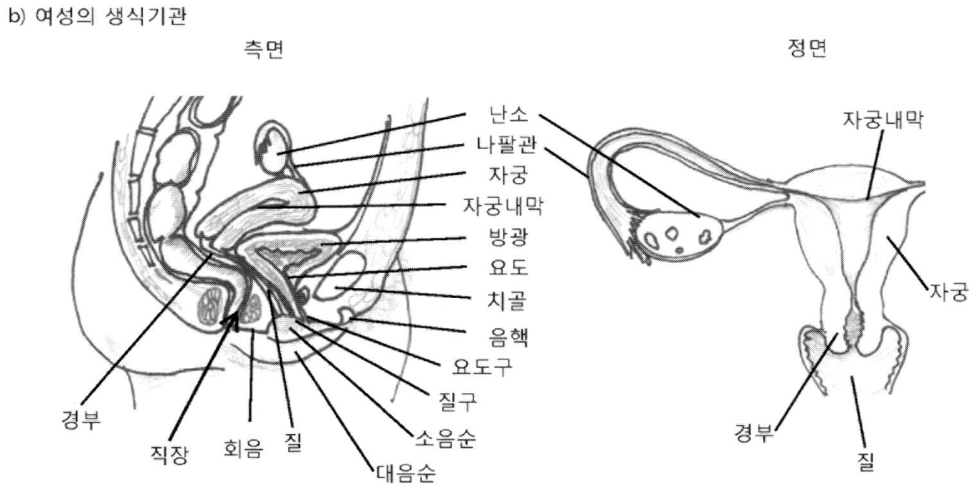

그림 19-1b. 여성의 생식기관

여성의 생식기관

여성생식기는 일차적으로 들어온 정자와 수정을 이루는 난자를 생산하고

표 19-1. 생식계의 구조

	남성	여성
생식소	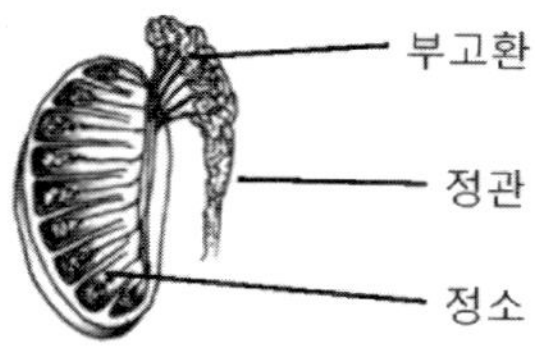	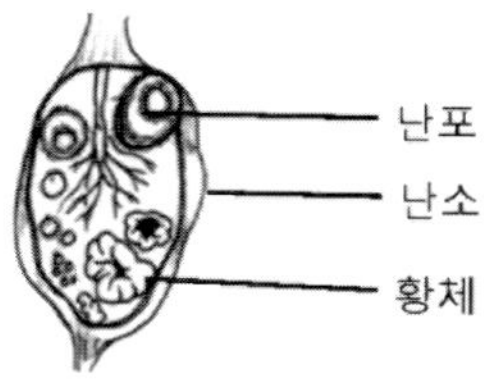
내부생식기	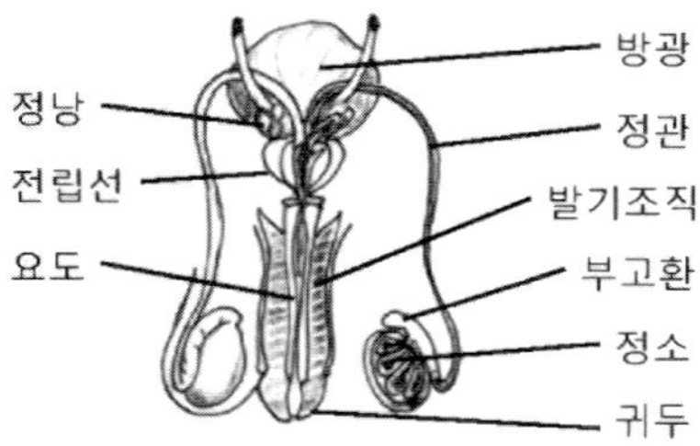	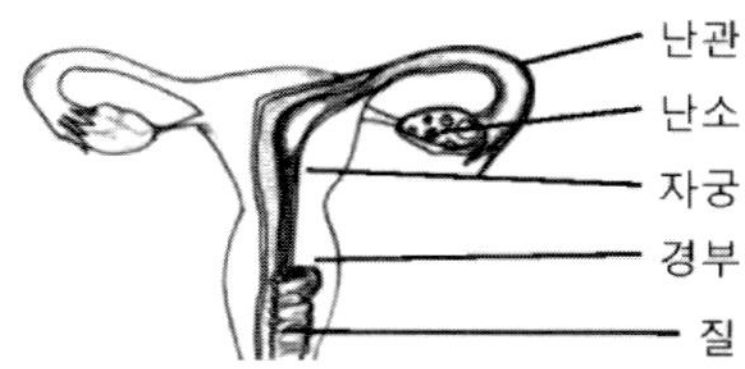
외부생식기	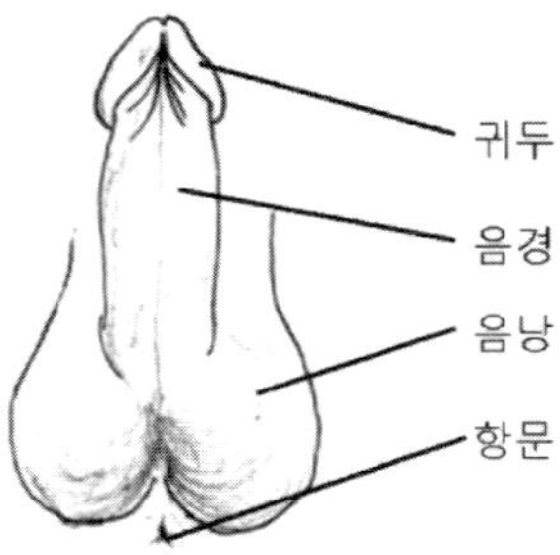	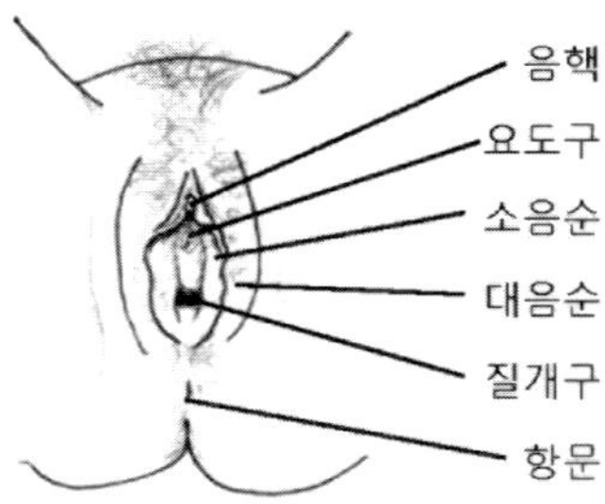

더욱이 수정된 배아가 안전하게 발생하도록 영양을 공급하여 대략 9개월 동안에 건강한 태아를 발생하는 기능을 가져서 남성의 생식기보다 훨씬 복잡하다. 여성의 내부생식기에는 난소, 난관, 자궁, 자궁경부와 질이 있다. 난소는 난자를 생성하는 생식소이다. 난자는 난소로부터 난관으로 이동하고 근육질로 구성된 자궁 속에 안착하여 출산 때까지 태아를 보호한다. 자궁은 주먹만한 크기로 방광 바로 위에 있으며 자궁의 가장 안쪽의 자궁 내막에는

많은 혈관이 분포하고 있어 태아 발생이 잘 진행되도록 충분한 영양분을 공급한다. 난소는 배아의 발생기간 동안 여성의 온몸을 순환하는 여성 성호르몬을 분비한다. 난소는 호두 정도의 크기지만 난소에는 출생할 때 이미 약 3만개의 난자를 가지고 있다. 월경주기에 따라 1~2개의 난자가 성숙하여 배란시기에 여포가 터지면서 난자를 방출 한다. 자궁벽은 1cm 정도로 두터운 근육질로 되어 있으며 율동적인 수축 운동을 한다. 자궁내벽 표면은 자궁 내막 이라고 하여 월경주기에 따라, 여성 성 호르몬 수준의 변화에 따라 그 두께가 변한다(그림 19-1b, 표 19-1).

배우자(정자와 난자) 형성

생식 과정에서 생식세포인 배우자, 정자와 난자는 결합하여 한 개의 접합자인 수정란이 형성되고 발생과정을 거쳐서 한 개체로 성숙된다. 배우자 형성 과정을 통하여 정자는 남성의 고환에서, 난자는 여성의 난소에서 생성된다. 배우자 형성과정에는 감수분열이 관여 하는데, 인간의 체세포는 46개의 염색체를 가지는데 감수분열 과정을 통하여 반수체인 23개 염색체를 가진 배우자를 생산한다. 배우자 형성과정을 통하여 생산된 정자는 운동성을 갖도록 성숙되고 반면에 난자는 크기가 자라고 초기배아의 발달에 필요한 영양분을 축적하여 성숙된다.

정자 형성(그림 19-2a)

정자의 생산 과정은 사춘기에 정소(고환)를 이루는 수많은 세정관 속에서 일어난다. 이 과정에는 정원세포라고 하는 세포로부터 제1 정모 세포가 생산되고 제1 정모세포는 두 번의 연이은 감수분열을 수행하는데, 감수분열 I을 경과한 후 제2 정모세포가 된다. 제2 정모세포는 감수분열 II를 수행하면서 반수체인 정자를 생산한다. 그림 19-2a 의 정자형성 과정에서 염색체 복제가 일어나 제1 정모세포는 3쌍의 상동염색체를 가지고 있다. 즉 상동염색체 1, 2와 3번 쌍이다. 3번 상동염색체는 성염색체 X와 Y로 가정하였다. 감수분열 I 에서는 중심체가 분열하여 양 극으로 이동한 후 3개의 상동염색체가 중기판 중앙에 쌍을 이루며 정열한 후 연결된 방추사에 끌려 양 중심체로 상동염색체가 분리된다.

3개의 상동염색체를 가진 제2 정모세포가 형성되고 제2 정모세포는 6개의 염색체를 가져 배수체이고 감수분열 II 를 경과하는데, 3개의 상동염색체가 중기판에 나열한 후 염색체를 구성하는 자매염색분체가 양 중심체로 분리되어 3개의 염색체를 가진 반수체(n)인 정자세포가 형성된다. 인간세포인 경우는 23개 상동염색체가 쌍을 이루고 23개 상동염색체가 분리되며 2개의 제2 정모세포를 생산하고 각각의 제2 정모세포는 총 46개 염색체(23개 상동염색체 x2)를 가진다. 사람의 제2 정모세포인 경우, 23개 상동염색체가 중기판 중앙에 나열한 후 상동염색체를 구성하는 자매염색분체가 양 중심체로 분리되어 결국 23개의 자매염색체를 가지는 4개의 반수체인 정자세포를 생산한다.

난자 형성(그림 19-2b)

여성의 난소에서 난자의 생산과 성숙이 일어난다. 난자형성은 제1 난모세포로부터 시작 되는데 출생이전에 어머니의 자궁 내에 있을 때부터 시작하여 출생시에는 대략 3만 개의 난모세포를 난소 속에 가지고 태어난다. 사춘기에서부터 기존 난모세포의 발달은 월경이 끝나는 폐경기에 이르기까지 계속된다. 난자 형성 시에도 정자 형성 때처럼 제1 난모세포가 두 번의 계속된 감수분열을 수행하여 1 개의 반수체인 난자를 생산 한다. 그림 19-2b 의 난자형성 과정은 제1 난모세포는 3개의 상동염색체 쌍을 가지는데, 상동염색체 1, 2와 3 쌍이다. 여기서 상동염색체 3번은 성 염색체인 X로 가정하였다. 정자 형성시와 마찬가지로 감수분열 I 이 시작되기 전에 먼저 중심체가 분열하여 양극으로 이동한 후 3개의 상동염색체가 중기판 중앙에 쌍

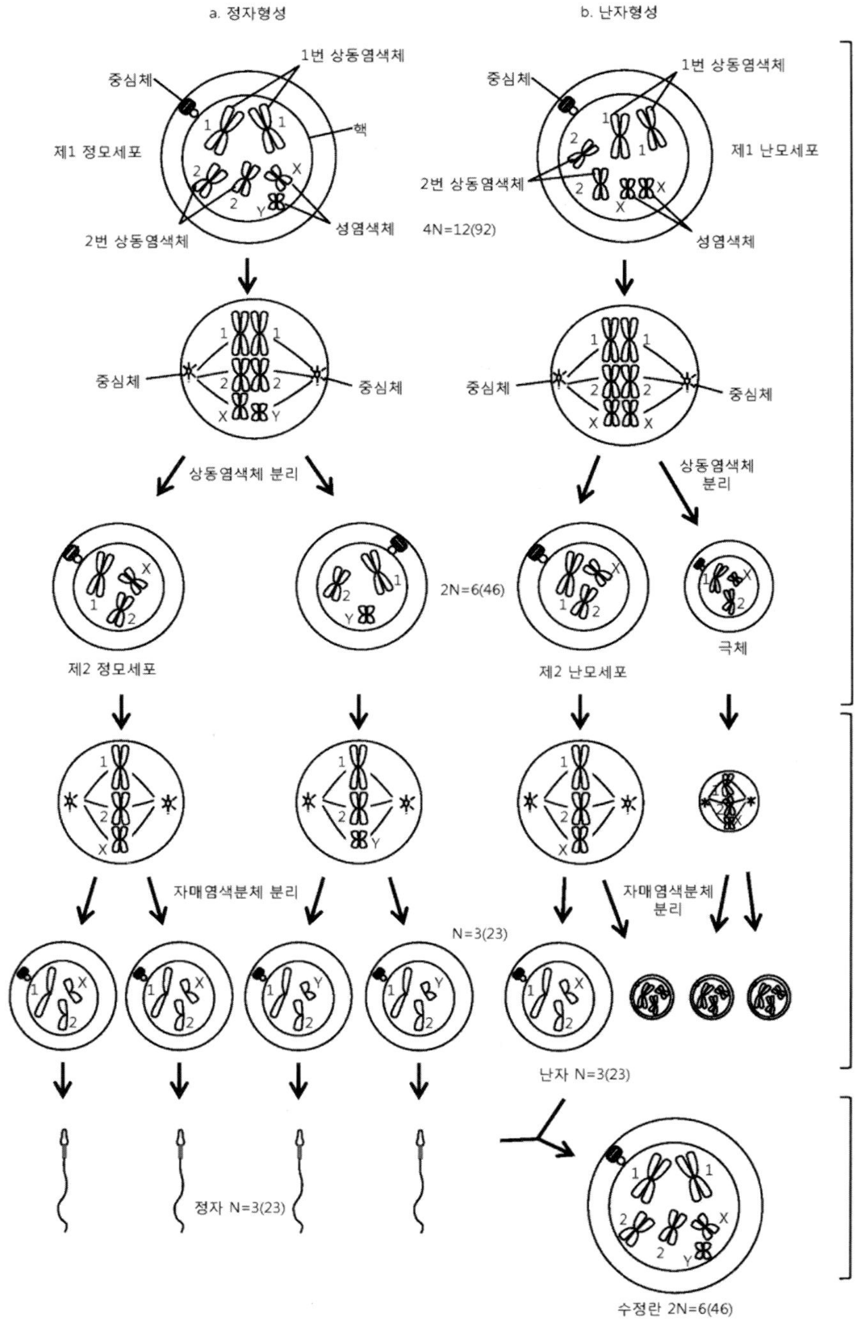

그림 19-2. 정자와 난자형성 a, 정자형성 b, 난자형성. ( )는 인간의 염색체 수

을 이루며 정렬 한다. 감수분열 I 을 수행하면서 각 상동염색체가 양극으로 분리가 일어나 3개의 상동염색체를 가진 제2 난모세포를 생산한다. 이때 제2 난모세포는 6개 염색체를 가진, 이배체(2n=6)이다. 정자형성과는 다르게 제2 난모세포는 하나는 크기가 크고 다른 하나는 대단히 작아서 극체라고 하는데 결국 퇴화하게 된다. 크기가 큰 제2 난모세포는 3개의 상동염색체를 가진 이배체인데 감수분열 II 에서, 정자형성 때처럼 자매염색분체의 분리가 일어나서 3개의 자매 염색분체를 가지는 반수체인 1개의 난자(n)와 극체를 생산하게 된다. 결국 한 개의 제1난모세포는 감수분열 I와 II를 수행한 후 1개의 크기가 큰 난자와 3개의 극체를 생산한다. 크기가 큰 난자는 충분한 영양분을 가지고 있어 수정 후 건강한 태아로 발생할 수 있다. 제2 난모세포는 영양분을 섭취하면서 여포 내에서 성장한 후 난소의 표면으로 이동한다. 배란 시기에 여포가 터지고 제2 난모세포는 수란관 속으로 방출되는데 이때 만약 정자와 만나게 되면 수정이 일어나고 동시에 감수분열 II 가 시작된다. 사람의 난모세포는 감수분열 I에서 23개 상동염색체가 분열세포의 중앙판에 쌍을 이루어 나열한 후 한 개의 크기가 큰 제2 난모세포를 생산하는데, 23개의 상동염색체를 포함하여 46개의 이배체 염색체를 가지고 있다. 제2 난모세포는 감수분열 II를 통하여 자매염색분체가 분리되어 23개의 염색체를 가지는 반수체(n)인 하나의 난자를 생산한다. 23개의 염색체를 가진 반수체인 정자와 23개 염색체를 가진 난자가 수정하게 되면 46개 염색체, 즉 23개의 상동염색체를 가지게 되어 46개 염색체를 가진 완전한 성체(이배체=2n)로 발생하여 한 개체가 태어나게 된다.

월경주기(그림19-3)

남성과는 다르게 여성의 난소에서 난자가 형성되고 성숙한 난자는 자궁에서 배란이 일어난다. 배란된 난자는 여성 성기관 안으로 들어온 정자와 수정이 일어나서 임신되고, 배아는 자궁내막에 부착하여 태아로 발생하여 한 개체로 성숙되어 출생한다. 만약 수정에 성공하지 못하면 성숙된 난자는 월경을 통하여 몸 밖으로 배출된다. 이 기간을 월경주기라고 하고 대략 28일이 한 주기이다. 월경주기 동안에 많은 종류의 호르몬과 생식계의 여러구조들이 참여 하는데 수정이 성공하면 처음에는 자궁의 내막에 큰 변화가 일어나고 변화된 자궁 내막이 계속 존재하고, 만약 수정이 성공 못 하면 그

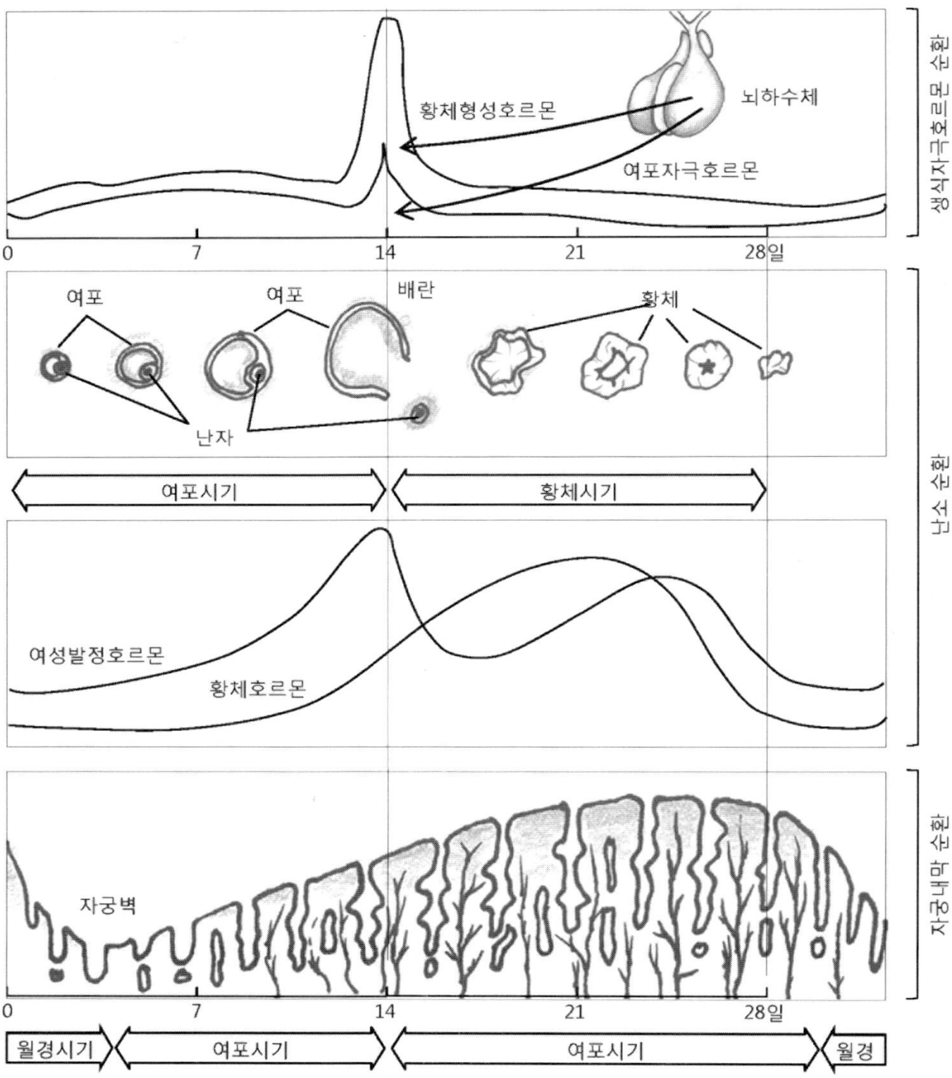

그림 19-3. 배란 및 여성호르몬의 순환과 월경주기

변화된 자궁 내막이 사라진다. 우선 난자의 성숙에 관여하는 호르몬인 황체 형성 호르몬과 여포자극 호르몬이 뇌하수체에서 분비되어 자궁내 여포 안에 있는 난모세포의 성숙을 도와준다. 성숙된 난자는 월경주기 14일 경에서 여포가 터져 밖으로 배란이 일어난다. 배란이 일어나는 시기에 여성 발정 호르몬의 수치가 최고에 도달한 후 점점 수준이 낮아진다. 만약 배란된 난자가 수정이 되면 황체로부터 황체 호르몬이 최고 수준으로 분비하게 되고 황체 호르몬은 뇌하수체에서 더 이상 황체 형성 호르몬과 여포자극 호르몬의 분비를 못 하게 하여 새로운 난자성숙이 일어나지 못하게 한다. 만약 수정이 성공하지 못하면 황체는 분해되고 황체 호르몬의 수준은 급격히 줄어들고 자궁내막이 분해되면서 월경이 시작되며 배란된 난자는 월경과 함께 배출된다. 월경이 끝나면서 여성 발정 호르몬이 분비되어 뇌하수체에서 새로운 난자의 성숙을 도와주는 여포자극 호르몬과 황체형성 호르몬의 분비가 일어나도록 유도하여 새로운 월경 주기를 시작한다. 임신이 되면 수정란이 잘 착상할 수 있도록 자궁 내 자궁내벽도 혈관과 조직이 함께 부풀어지고 두터워져 배아는 풍부한 영양분을 얻어 건강한 태아로 발생한다.

인간 배아 발생(그림 19-4)

인간 배아의 발생은 수정 후 한 개의 수정란, 즉 접합자로부터 시작하여 수많은 세포 분열을 통하여 400 조 개의 세포로 구성된 성체로 발생하는 과정에서 수많은 세포이동과 변화를 포함한다. 수정란은 여성의 수란관 내에서 정자와 난자가 수정하여 이루어지는데 수정 후 대략 50시간 후에 수정란은 체세포 분열을 시작하여 두 개의 세포로 분열하여 2세포기가 된다. 여기에도 감수분열의 산물인 극체가 보인다. 다시 약 30시간 후에 두 개의 세포는 분열하여 배아는 4세포기가 된다. 이때는 유사분열은 계속 일어나지만 배아 전체 크기는 증가하지 않는다. 배아의 초기 세포분열을 통하여 뽕 열매처럼 생긴 상실기를 거쳐 포배를 형성하기까지의 세포의 분열을 난할이라고 한다. 배아가 4세포기에서 8세포기를 거치면서 처음보다 크기가 작아진

32개 세포가 꽉 차있는 상실기에 이르게 되고 다음으로 상실기의 세포가 분열을 계속하여 500개~2,000개의 세포로 구성된 속이 빈 공 모양을 하는 포배를 형성한다. 포배의 가장 밖에는 한 개의 세포층이 있는데 앞으로 배아를 둘러싸는 영양막이라는 세포환을 이루고 배아가 자궁벽에 착상 하는것을 도와주며 태반의 일부가 된다. 포배는 포배강 속에 용액이 차 있으며 포

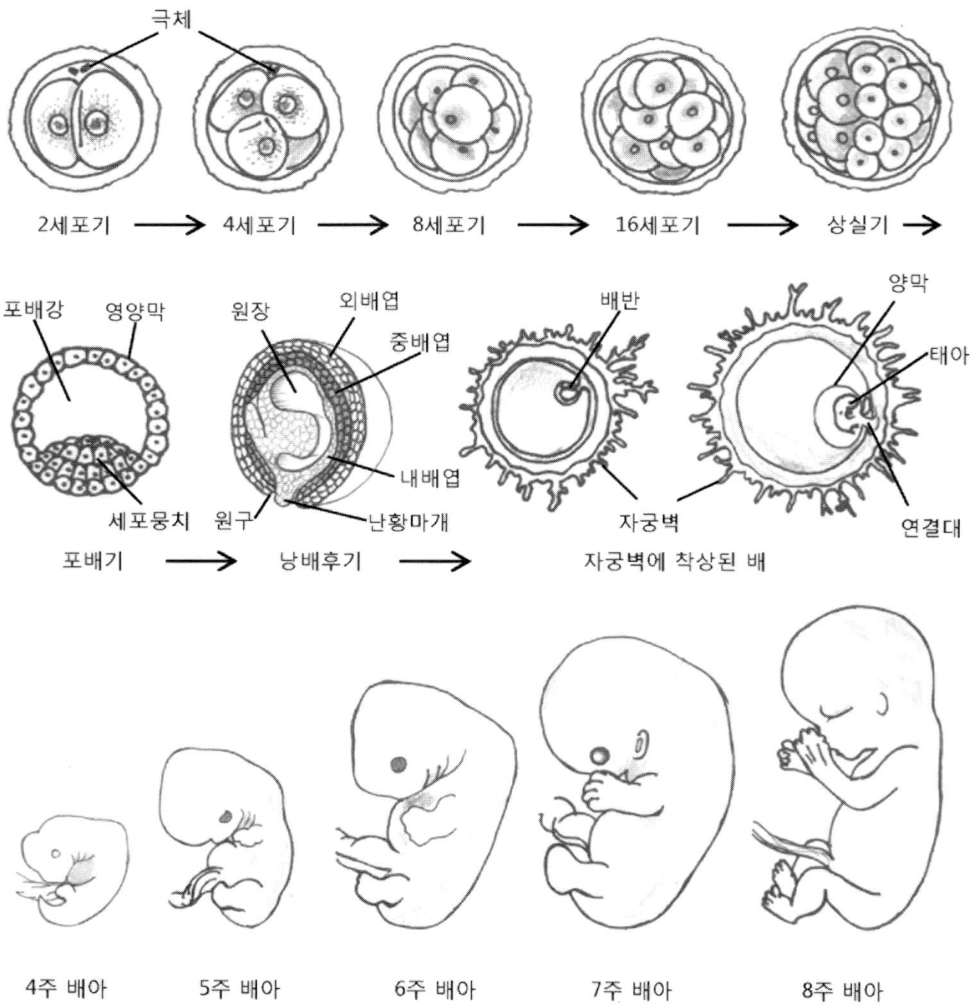

그림 19-4. 인간배아의 발생

배강의 한쪽 끝에는 세포들이 세포 덩어리를 형성하고 있는데 내세포 덩어리 일부가 태아를 생산한다. 수정 후 3일이 지나면서 배아는 세포로 꽉 채워진 뽕과 같은 모양의 상실배가 되고 5일 까지 상실배가 포배가 되며 포배의 밖은 세포층인 영양막으로 싸여 있다. 영양막의 도움을 받아서 배아의 착상이 이미 시작 되었고 이때 배아의 크기는 점 같이 작다.

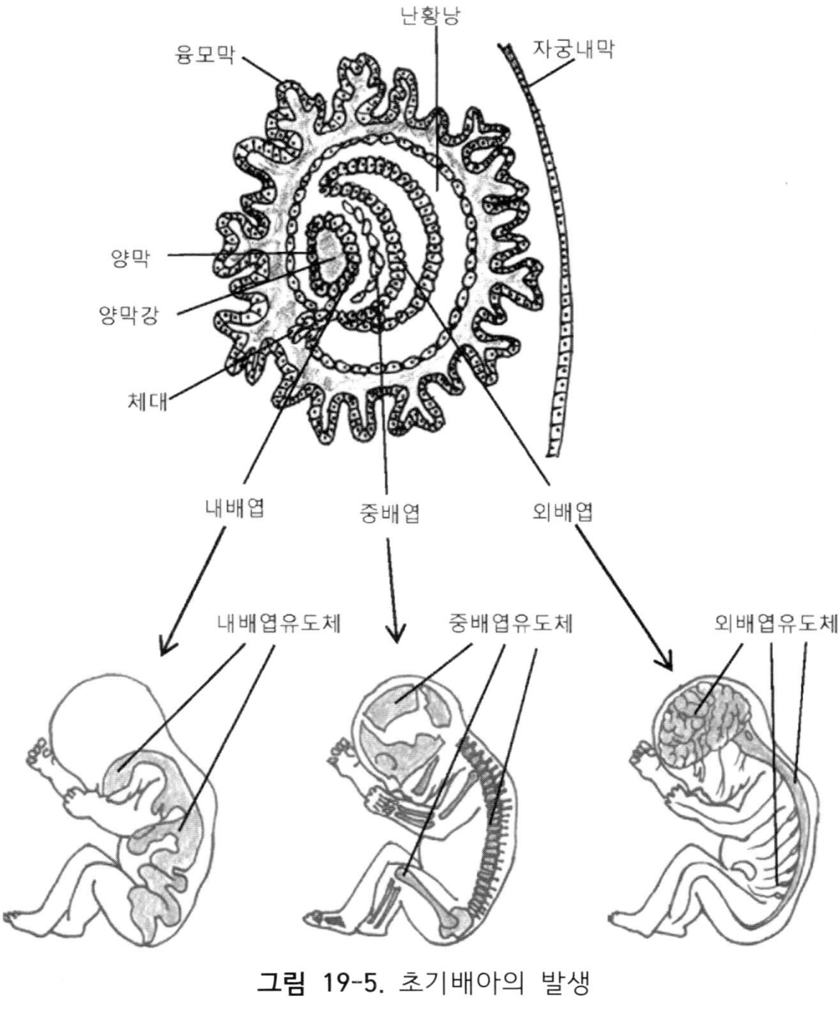

그림 19-5. 초기배아의 발생

내세포 덩어리의 일부의 세포가 획기적인 이동이 일어나 3층의 세포로 구성된 낭배가 형성된다. 낭배를 구성하는 3개 층을 이루는 각 세포층은 외배엽, 중배엽과 내배엽인데 각 층 세포들은 태아의 발생 과정에서 특별한 기능을 나타내는 조직이나 기관으로 분화된다. 외배엽 세포층은 앞으로 뇌와 척추를 포함하는 신경계, 뇌하수체 같은 내 분비샘, 피부와 코, 입과 항문으로 되고, 중배엽 세포층은 앞으로 뼈, 골격의 연골, 근육, 순환계와 배설기관, 생식기관으로 분화되고, 내배엽 세포층은 앞으로 소화기의 내벽, 호흡기, 기도, 간, 췌장, 방광과 분비샘으로 발생된다.

양막에 둘러싸인 배아는 연결대에 의하여 자궁벽에 부착되어 있다. 그림 19-5 에서는 내배엽, 중배엽과 외배엽이 배아의 초기발생에서 앞으로 분화될 조직 기관의 유도체를 암시하고 있다. 배아의 발생정도를 관찰하면 4주 배아에서는 척추가 보이고, 역시 연결대가 나타나 있고 배아의 길이가 5mm 이다.

5주 배아에서는 수족(사지)이 부어오른 흔적이 나타나있고 나중에 팔과 다리가 된다. 머리는 좀 더 커졌고 척추도 충분히 형성되었다. 눈이 보이고, 배아의 길이가 8mm 이다.

6주 배아에서는 머리는 더 커졌고, 사지는 좀 더 뚜렸해 졌다. 소화기관도 완전하게 형성되었고 배아의 길이가 12mm 이다.

7주 배아에서는 배아의 등이 곧게 바르고, 배아의 근육은 충분히 분화되었다. 눈꺼풀이 나타나 있고 외부 생식기가 형성되기 시작, 배아의 길이가 17mm 이다. 배아의 발생은 대략 8주경에 끝이 나는데 배아의 길이가 대략 23mm 정도 된다. 인간의 모양을 갖추게 되고 7주 까지를 배아라고 하고 8주 이후는 태아라고 한다. 그 후의 발생은 태아의 기관의 성장과 성숙이 일어나는 과정이다. 다음 7개월 동안 태아는 계속 성장하여 태아의 몸이 세분화되고 모든 기관들이 성숙되어 완전한 개체로 발생하여 태어난다.

제 20장 노화 - 오래살고 싶지 않은가?

성경의 창세기에는 무드셀라라는 사람의 이야기가 나온다. 그는 무려 969살을 살았다고 한다. 100살을 살기를 바라는 현대인의 상상을 초월하는 세월을 살았다니 믿어야할지 웃어야할지 모르겠다. 중국의 진시황도 천하를 통일하고는 불노불사의 약을 구하러 먼 동방의 나라에 사람을 보냈다고 하며 우리나라에도 일만 팔천 년을 살았다는 삼천갑자 동방삭의 이야기가 있는 것을 보면 늙지 않고 오래 살고 싶은 것은 예나 지금이나 변함없는 우리의 욕심인 것 같다. 요즘의 생물학 연구분야 중 뜨거운 분야로 "노화와 장수"를 빠뜨리지 않는다.

노화란 무엇인가?

노화, 즉 늙어간다는 것은 시간이 흐르면서 생물이 외부자극에 대한 반응이 저하되고 스트레스에 취약해지며 질병에 대한 감수성 증가와 항상성 유지 능력이 감퇴되어가는 변화과정 쯤으로 정의된다. 새차를 타다보면 부품이 자꾸 낡아져서 차의 성능이 나빠져서 소위 "똥차"가 되어가는 과정과 유사하다.

그러면 노화는 왜 일어나는가?

첫 번째로는 유전적 요인을 들 수 있다. 인간의 최대수명이 역사적으로 큰 변화가 없다는 것은 유전적인 요인이 노화를 결정한다는 것을 시사한다. 보통 염색체 말단의 텔로미어가 세포분열을 할수록 줄어든다는 설명이 노화의 유전성을 의미한다(그림 20-1). 그러나 초파리 등 일부 생물에는 텔로미어가 존재하지 않는 것으로 보아 이것이 모든 생물의 노화를 결정하는 것은 아니다.

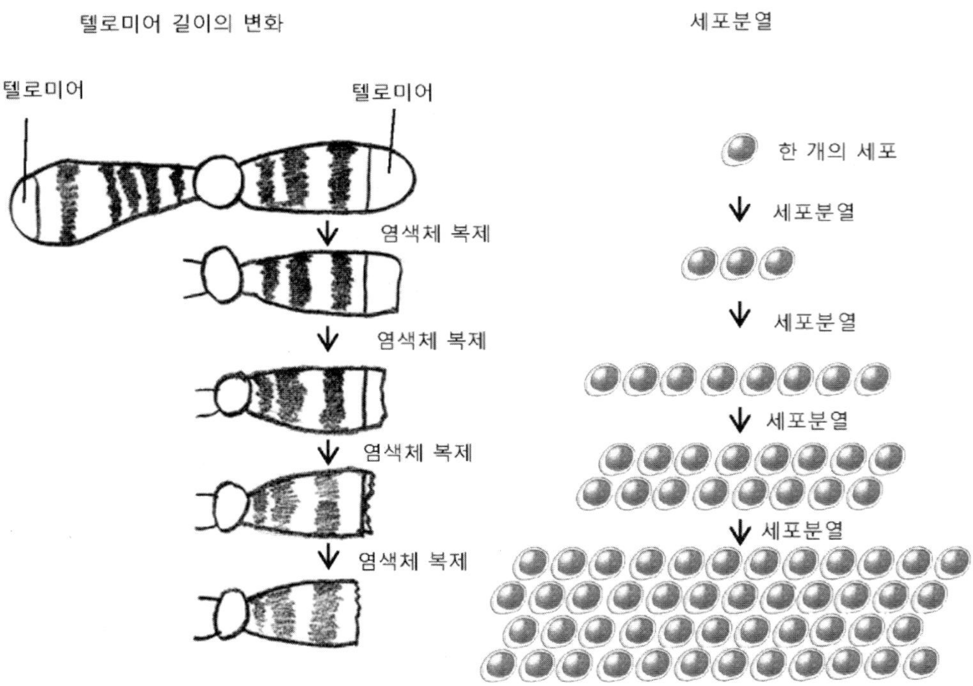

그림 20-1. 텔로미어의 길이변화. 사람의 염색체 양 끝부분에는 5'TTAGGG3' 염기서열이 반복된 텔로미어라는 부분이 있다. 텔로미어는 염색체가 한 번 복제될 때마다 짧아진다. 텔로미어가 짧다는 것은 세포가 분열을 많이 해서 늙었다는 의미이다. 텔로머라아제가 텔로미어의 길이 단축을 어느 정도 막아준다. 암세포에서는 텔로머라아제의 활성이 지나치게 커서 텔로미어의 길이가 줄어들지 않으며 세포는 끊임없이 분열할 수 있다.

두 번째로는 미토콘드리아의 DNA 수선 시스템이 취약해서 노화 및 수명 단축을 초래한다고 한다. 노화가 진행될수록 미토콘드리아의 모양이 변하고 ATP 생산도 줄어든다는 보고가 있다.

세 번째 산화스트레스가 노화의 주범이라는 설이 가장 강력한 노화의 원인으로 볼 수 있다. 사람이 숨을 쉴 때 받아들이는 산소는 미토콘드리아에서 ATP를 생산할때 부산물(?)로 생기는 전자와 양성자를 처리하는 일종의 휴지통이다. 이때 생기는 독성산소(수퍼옥사이드와 과산화수소)가 세포내 지방이나 단백질을 손상시켜서 기능을 저해한다. 이런 과산화물의 처리는 수퍼옥사이드 디스뮤타제(SOD)와 카탈라아제 등 항산화효소가 주로 맡는데 이런 효소의 능력을 벗어나는 과산화물의 축적이 노화의 원인이라는 것이다. 효모, 초파리, 생쥐 등을 대상으로 연구한 결과들은 항산화효소를 생산하는 유전자의 돌연변이는 노화를 잘 일어나게 하고 항산화효소 유전자를 더 넣어준 생물의 수명은 늘어난다는 것을 보여준다. 실제로 초파리 유전체에 SOD 효소의 유전자를 넣어서 이 효소가 많이 만들어지게 하자 수명이 40% 정도 늘어났다.

노화를 늦출 수 있는가?

한 손에 가시들고 또 한 손에 막대들고
늙는 길 가시로 막고 오는 백발 막대로 차려니
백발이 제 먼저 알고 지름길로 오더라
-고려 때 우탁의 시-

늙음을 반길 사람이 있겠는가? 천하를 통일한 저 진시황도 막지못한 늙음을 현대 과학은 막을 수 있을까?

포유류는 평생 심장이 15억 번 뛴다고 한다. 코끼리 심장은 분 당 30번 뛰지만 쥐는 800번 뛴다. 심장이 빨리 뛰는 것은 곧 몸 구석구석으로 산소를 더 많이 전달해주는 것을 말한다. 이는 또 대사율이 높다는 말과 같으며 대사율이 낮을수록 노화가 늦춰지고 수명은 올라간다는 말이다(그림20-2).

대사율을 낮추려면 소식을 하는 게 좋다. 물고기, 초파리, 생쥐, 원숭이 등 많은 생물을 대상으로 한 실험에서 소식은 30-50%의 수명연장 효과를 보였다.

2007년 위스콘신 대학 연구팀은 76마리의 붉은 원숭이를 저칼로리 식사와 정상 식사를 제공하는 두 그룹으로 절반씩 나눠 20년 간 관찰하였다. 그 결과는 놀라웠다. 정상식사를 제공받은 원숭이들은 식사량을 30% 줄인(영양소 균형은 유지했다) 원숭이에 비해서 외모가 훨씬 늙은 모습이었다. 뱃살과 가슴이 축 쳐져있었고 행동 또한 느렸다. 반면 식사량을 줄인 원숭이들의 외모는 아직 젊음을 유지하고 있었다. 정상식사를 한 그룹의 노화관련 질병

사망률은 적절한 영양소로 칼로리만 30% 줄인 식사를 한 원숭이들에 비해서 거의 세 배 높았다. 또한 저칼로리 식사를 한 원숭이들은 악성종양이나 심장병도 정상 칼로리를 제공받은 원숭이의 약 절반 수준에 그쳤다. 뇌조직의 수축도 정상식사를 한 원숭이들에서 노화와 함께 진행되고 있었다. 이연구의 결과가 말하는 것은 "칼로리 제한(소식하는 것)이 영장류의 노화과정을 늦춘다"는 것이다.

늙는 것을 늦추고 오래살고 싶은가? 그러면 소식(小食)하라!

오래 사는 것과 함께 생각해야 할 것이 있다. 지금 여러분의 수명이 300백살이 된다고 가정해보자. 환갑까지 그럭저럭 살다가 나머지 240년은 요양원 침대위에서 거동도 못하는 상태로 살 것인가? 이것이 여러분들이 원하는 장수인가? 아닐 것이다. 건강하며 액티브한 장수가 진정 원하는 장수일 것이다.

운동으로 건강을 유지하고 소식으로 장수를 누리자!

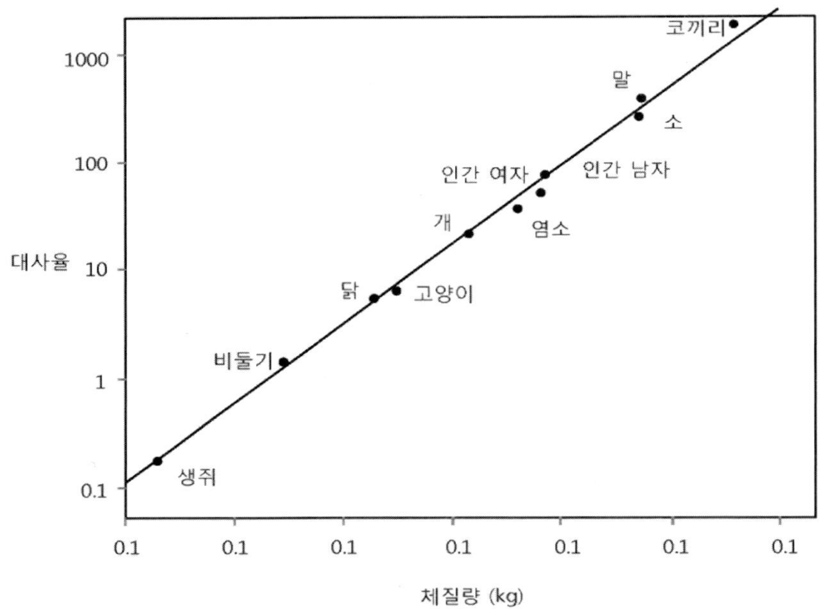

그림 20-2. 체질량과 대사율의 관계. 대사율은 체질량의 3.4제곱, 즉 대사율 = 질량$^{3.4}$으로 표시한다. 쥐는 사람보다 산소와 양분을 7배 더 소모한다. 동물의 체질량이 커질수록 단위 g 당 산소 소비량은 감소한다.

제 21장 우리 몸에 가장 좋은 음식 - 콜레스테롤과 건강

필수영양소는 우리 몸이 직접 합성 못하여 식품으로 섭취해야하는 물질이며 필수아미노산, 필수지방산, 비타민과 무기질이 포함된다. 음식물이 넘치는 세상! 보통 인간 수명이 100세를 기대하는 시대가 도래 하였다. 우리는 넘치는 음식물을 잘 가려서 먹어야 100세의 수명을 누릴 수 있지 않겠는가! 우리가 먹는 음식물의 중요 영양분과 기능을 살펴보면,

탄수화물

우리 몸에서 제일 먼저 소화 되어, 단기간에 우리 몸에 에너지를 공급한다. 빵, 과일, 파스타 같은 탄수화물을 포함하는 음식으로부터 직접 포도당을 얻을 수 있고, 포도당은 뇌세포를 비롯하여 우리 몸의 모든 세포에 일차적인 에너지원이기 때문에 가장 중요한 영양분이다. 통밀을 이용하여 만든 음식은 섬유질과 비타민을 많이 포함하고 있는데, 심장병과 변비를 예방한다. 정제된 쌀이나 밀로 만든 음식물은 섬유질과 비타민을 적게 포함하고 있다. 흰쌀밥, 흰빵, 밀가루로 만든 음식이나 과자, 케익은 빠르게 소화, 흡수되어 혈액 내 혈당이 급격히 상승한다. 이와 같은 음식은 피하는 것이 좋다.

단백질, 필수 아미노산(표 21-1a)

우리 몸의 근육, 세포막, 많은 효소와 중요 요소들은 모두 단백질로 구성되어 있다. 근육섬유, 새로운 세포를 형성하거나, 우리 몸이 정상적으로 활

동하기 위하여 단백질 요소가 필요하므로 우리는 단백질을 섭취해야 한다. 단백질은 20종류의 아미노산들로 이루어져 있는데, 그 중에서도 9종류의 아미노산은 우리 몸에서 생산되지 못하여 외부로부터 공급을 받아야 한다. 이들 아미노산을 필수 아미노산이라 한다. 특히 히스티딘은 유아에게 꼭 필요하다. 필수아미노산이 불충분한 음식섭취로 단백질 결핍으로 인한 영양실조는 특히 어린이의 신체적 또는 정신적 발달에 지장을 준다. 그 밖의 11개 아미노산은 우리 몸에서 다른 물질로부터 합성할 수 있다(표 21-1). 우리가 소고기나, 돼지고기, 닭고기 혹은 생선을 섭취한 후, 음식물 안의 단백질은 소화되어 아미노산으로 분해된다. 이들 아미노산을 이용하여 우리 몸에 맞는 단백질을 재합성한다. 완두콩, 두부나 견과류는 식물 단백질인데, 모든 아미노산이 포함되지 않아서, 불완전 단백질이라 한다. 동물 단백질은 완전 단백질이고, 우리에게 필요한 모든 아미노산을 포함하고 있다.

표 21-1. 필수 아미노산과 무기원소

a. 아미노산		b. 무기원소	
필수아미노산	아미노산	주용 광물질	미량원소
히스티킨 이스류신 류신 리신 머리오닌 트레오닌 트립토판 발린	알라닌 아르기닌 아스파라긴산 아스파르트산 시스테인 글루타민 글리신 프롤린 세린 티로신	칼슘 염소 마그네슘 나트륨 인 포타슘 황	크륨 구리 불소 요오드 철 망간 몰리브인 셀레늄 아연

지방, 필수 지방산, 리놀렌산

우리는 약간의 지방은 필요하지만 너무 많이는 필요하지 않다. 우리 몸은 세포막이나 호르몬을 만들기 위하여 지방을 필요로 하고, 신경세포를 싸고 절연하는 세포막의 합성에도 꼭 필요하다. 지방은 우리 몸매를 나타내고, 우리 몸과 기관을 충격으로부터 보호한다. 필요할 경우, 지방도 결국 아세칠-CoA로 전환하여 에너지로 사용된다. 지방은 마지막으로 사용되는 에너지원이다. 지방은 우리 몸에 중요한 영양분이지만 우리 몸에 좋은 지방과 나쁜 지방이 있다. 불포화지방산은 우리 몸에 좋은 지방산이며, 올리브나 아마인 같은 식물성 기름과 물고기 기름이 이에 속한다. 포화지방산은 우리 건강에 해로운데, 동물성 지방으로, 고기 속에 있는 지방이나 버터에 포함된 지방은 포화지방으로 건강에 유해하다. 탄수화물이건, 단백질이건, 지방이건 에너지로 태워 소모하는 것보다 많이 섭취하면 지방조직에 저장되므로 살이 찐다.

필수 지방산으로 우리 몸이 직접 합성할 수 없는 불포화 지방산으로는 세포막을 구성하는 인지질을 만들기 위하여 리놀렌산이 필요한데, 음식을 통하여 섭취하여야 한다. 씨앗, 채소 등에 포함 되어있다.

광물질(무기질)(표 21-1b)

우리 몸에 있는 효소들이 원활이 작용하려면, 광물질이나 비타민이 필요하다. 광물질은 우리 지구에서 발견되는 무기물질인데, 건강을 좋게 유지하기 위하여 아주 소량이 필요하다. 어떤 광물은 적당한 기능을 나타내기 위하여 꼭 필요한데, 이 같은 광물을 주요광물이라고 하고 아주 소량 필요한 광물을 극소량 원소라 한다(표 21-1b).

비타민

모든 생물에 자연상태에서 존재하는 유기물질인데 아주 적은 양이 필요하다. 모든 비타민은 물에 잘 녹는 수용성 비타민과 지방에 잘 녹는 지용성 등 두 개의 범주 중에 하나에 속한다. 비타민 A는 눈의 시각색소에 관여하고, D는 칼슘흡수와 뼈 형성을 돕고, E와 K는 혈액 응고에 관여 하는데 지방분자에 잘 녹아서, 인지질이 이들 비타민을 용해하여 혈관을 통하여 세포로 운반한다. 수용성인 비타민 C는 결합조직을 만드는데 필요하다. 모든 B

계통은 수용성이라 물에 잘 녹아서 쉽게 잘 이용되고, 주로 효소의 반응속도를 증진시키는 보조 효소의 역할을 한다.

(Tip) 콜레스테롤과 건강

지방인 콜레스테롤은 물에 잘 녹지 않으므로 단백질과 결합하여 지방단백질이라는 구조로 혈액 속에 운반된다. 몸에 나쁜 저밀도 지방단백질(low density lipoprotein, LDL)은 단백질이 적고 콜레스테롤 비율이 높다. 간에서 생성되거나 음식물에서 섭취한 LDL은 몸 전체 세포로 운반되는데 세포에서 세포막이나 호르몬을 만드는데 사용된다. 몸에 좋은 고밀도 지방단백질(high density lipoprotein, HDL)은 콜레스테롤보다 단백질이 더 많다. HDL은 몸에서 남은 콜레스테롤을 수거하여 간으로 보내서 담즙을 만드는데 사용된다. 몸에 좋은 고밀도 지방단백질(HDL)은 혈관에서 찌꺼기 콜레스테롤을 내다 버리는 역할을 하고 몸에 나쁜 저밀도 지방단백질(LDL)은 찌꺼기 콜레스테롤이 혈관 벽에 부착하여 쌓이게 한다. LDL/HDL 의 비율은 세포를 떠나는 콜레스테롤과 간으로 돌아오는 콜레스테롤의 비율을 나타내는 지표이다. 채취한 혈액으로부터 LDL과 HDL의 양을 측정하여 콜레스테롤 양을 측정하는데, 만일 콜레스테롤 양이 200mg/dl 이상이나 LDL 양이 100mg/dl 이상이면 식물성 음식을 많이 먹고 육류를 줄이라는 의미이다. 이는 식물은 일반적으로 콜레스테롤을 갖고 있지 않으며 육류 속에 있는 포화지방산을 줄이기 때문이다. 포화지방산은 간의 LDL 합성을 촉진하고 혈액 속의 LDL이 제거되는 속도를 늦추어 콜레스테롤 수준을 높이는 것으로 생각된다. 건강을 위하여 유의할 점은 총 콜레스테롤 수치보다 몸에 나쁜 LDL 콜레스테롤 수치를 낮추고 몸에 좋은 HDL 콜레스테롤의 수치를 높이는 것이 더 중요하다.

(Tip) 트랜스지방과 건강

트랜스지방은 불포화 지방산의 한 종류로서 트랜스지방의 대부분은 식물성 기름의 가공과정(수소화 공정)을 거치면서 생겨난 것으로 과자 등을 바삭바삭하게 만드는데 쓰인다. 트랜스지방은 혈관 내에서 나쁜 콜레스테롤을 증가시켜 각종 심혈관계 질환(심근경색, 협심증과 뇌졸중)의 발병률 이 높아지는 것으로 알려져 있다.

제 22장 생물 진화론과 자연 선택 설 - 종의 기원 - 생물 진화

지금부터 31억 년 전에, 가장 간단한 원시 생명체가 지구상에 나타났다면, 현재 살고 있는 1,000만종 생물은 어떻게 생겨났을까? 또한, 지적으로 고도로 발달된 사람은 어떻게 진화하였는가? 무엇이 진화의 원동력인가? 찰스 다윈은 어떻게 하여 생물진화론을 발표하게 되었는가?

생물진화론

1831년, 찰스 다윈은 비글호의 자연사관으로 해상여행을 떠났다. 그가 여행한 곳 중 하나가 남아메리카 서부해안으로부터 600마일 떨어진 갈라파고스제도의 섬들이었다. 다윈은 이 섬들에서 많은 작은 새들의 표본을 가지고 돌아왔다. 그런데 그가 채집한 부리 모양이 다른 십여 마리의 새들이 사실은 모두 핀치새(참새 같은 작은 방울새)라는 것을 알고 크게 놀랐다. 남아메리카 대륙에 서식하는 핀치새는 식물의 씨를 먹고 생존하는데, 갈라파고스 섬에 서식하는 핀치새들은 섬의 환경에 따라 먹이가 바뀌어 씨를 먹거나, 곤충을 잡아먹거나, 혹은 선인장(씨)을 먹게 되었고, 부리의 모양과 크기도 먹이를 쉽게 먹도록 적당하게 변화 되어 있었다(그림 22-1). 찰스 다윈은 대륙에 서식하는 핀치새의 모습과는 전혀 다른, 새로운 섬의 환경조건(먹이)에 적합한 모습으로 변화된 13종의 핀치 새 표본을 관찰하고 훗날 생물학계를 뒤흔드는 과감한 결론을 내렸다. 다윈은 갈라파고스 섬들에서 서식하는 모든 핀치새는 남아메리카 대륙에 사는 핀치새와 같은 조상을 가지

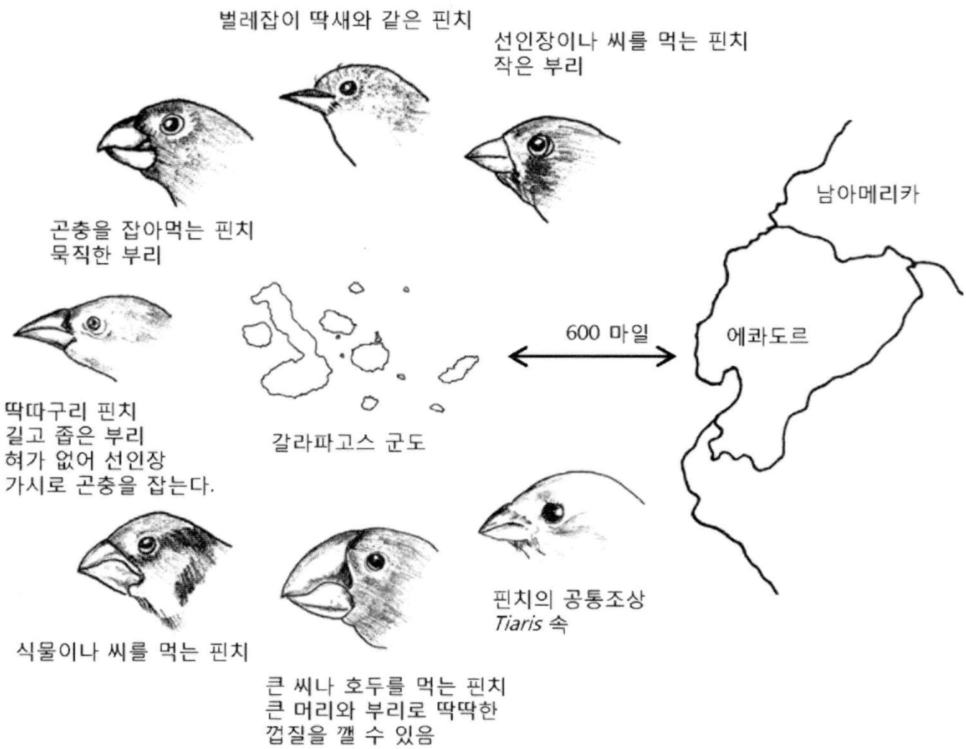

그림 22-1 핀치새의 진화. 지리적으로 격리되어 서로 다른 먹이를 먹으면서 부리가 서로 다르게 진화한 것으로 생각된다. 도요새 종들도 먹이의 종류에 따라서 긴 부리, 짧은 부리, 위로 휘어진 부리 등 부리의 모습이 먹이에 따라서 달라진 것으로 볼 수 있다.

고 있었으나, 가끔 일어나는 태풍과 함께 새로이 생긴 섬들로 날아 왔거나, 물에 떠서 왔을 것으로 추측하였다. 또한, 섬들은 서로 충분이 멀리 떨어져 있어, 핀치새가 실제로 서로 왕래할 수 없어서, 각각의 다른 핀치새 집단들은 지리적으로 서로 고립되어 있었다. 지리적 고립은 서로 간에 교미도 할 수 없고, 따라서, 유전자의 교류도 일어날 수 없었다. 각각의 섬은 각기 고유한 환경조건을 가지고 있는데, 이 고유한 조건은 특별한 형질을 가진 핀치 새를 그 형질을 갖지 못한 핀치 새 보다 생존 하는데 더 유리하게 하였다. 다시 말해서, 먹이를 더 성공적으로 섭취할 수 있도록 하는 형질을 가진 핀치새는 생존하여 자손을 낳을 가능성이 높아서, 그 좋은 형질을 자손에게 전달하게 된다. 세월이 흘러서, 섬에 서식하는 핀치새는 대륙에 사는 조상 핀치새의 형질로부터 새로운 서식지의 환경조건에 훨씬 적합한 형질로 바뀌게 되고, 결국에는, 조상 핀치새와는 완전히 다른 새가 되어, 유일한 새 종으로 진화한다. 집단 내 자원에 대한 경쟁이 없을 경우에는 그 종은 새로운 환경에 뿌리를 내리고, 그 종의 집단은 커져서, 주류를 이루게 된다. 집단이 커짐에 따라, 집단 내에서 자원에 대한 경쟁이 시작되면, 원래의 종은 각기 다른 환경조건에 적합한 여러 개의 종으로 갈라지게 된다. 찰스 다윈은 1854년, "종의 기원에 관하여"란 그의 저서에서, 모든 생물은 조상으로부터 같은 형질을 받아 태어났으나, 세월이 지남에 따라 새로운 환경에 적합한 형질을 가진 생물로 변할 수 있다고 주장하였다. 생물은 변할 수 있지만, 변화된 환경에 적합하지 못한 종은 멸망하여 지구상에서 영원히 사라진다. 반면, 오랜 기간 동안 많은 변화를 축적한 종은 이전의 유사한 집단과 완전히 달라져, 더 이상 교미를 할 수 없는 새로운 종으로 진화 한다.

자연선택설

우연돌연변이를 통하여 새로운 돌연변이체들이 만들어진 후 이들 개체간에 경쟁을 하는 동안에 어느 개체가 가진 특정한 형질이 그 개체의 생존력을 높여 주면, 그 환경조건은 그 형질을 보유한 개체의 번식과 활동에 크게 도움을 준다. 이 경우, 자연이 그 형질을 선택한 셈이다. 자연선택은 생존에 이롭지 않은 형질을 없애고, 유리한 형질을 택하여 살아남게 한다. 자연선택의 이론은 주위 환경조건에 가장 적합한 생물만이 살아남는다는 것을 의미한다. 따라서, 최적자 생존은 그 형질을 가지고 있는 개체가 성공적으로 생존하여 생식할 수 있게 하는 형질을 자손에게 물려준다. 찰스 다윈은 생물의 진화는 자연선택의 결과라고 결론을 내렸다.

생물은 진화하였는가?

최근 한국의 생물학계는 때 아닌 진화론 논쟁에 휘말렸었다. 진화의 아이콘이라 할 수 있는 시조새 진화가 오류라는 주장이 제기되었기 때문이다.

많은 학자들과 학생들이 인터넷상에서 토론이 오고갔으며 심지어는 2012년 네이쳐지와 사이언스지에 한국에서 발생한 이 논란이 대서특필되기도 했다. 결국 학계가 나서서 시조새가 파충류에서 조류로 가는 진화의 증거가 맞다고 정리해주기 까지 근 6개월 간 뜨거운 감자였다(그림 22-2).

그림 22-2. 파충류에서 조류로 진화. 파충류에서 조류로 가는 중간단계로 보이는 시조새 화석의 복원도. 1860년 독일의 석회암 채석장에서 발견된 화석으로 1억 5천만 년 전 쥐라기 말기에 살았을 것으로 추정된다. 수각류 공룡과 조류의 특징을 모두 가지고 있다.

현재의 생물학계의 공식 입장은 "생물은 진화한다"이다. 31억년 전 최초로 탄생한 단세포 생물이 장구한 시간동안 진화하여 1,000만 종이나 되는 현대의 생물들로 진화한 것이다.

지구상의 갑작스런(사실은 몇 백만 년 동안 일어난 일이지만) 환경변화,

우점종 생물의 멸종 등 많은 변화가 생명의 진화의 기회를 제공했다. 한 무리의 생물들, 예를 들면 어류가 무주공산이던 육지로 상륙한 것은 지구상의 생명탄생 후 남조류 등 광합성 생물들이 꾸준히 대기 중에 산소를 공급해준 덕분이었다. 생명의 상륙은 식물이 먼저였으며 어류에서 뭍에서 살 수 있는 양서류로의 진화는 극적인 화석들의 발굴로 설명되기 시작하였다(그림 22-3).

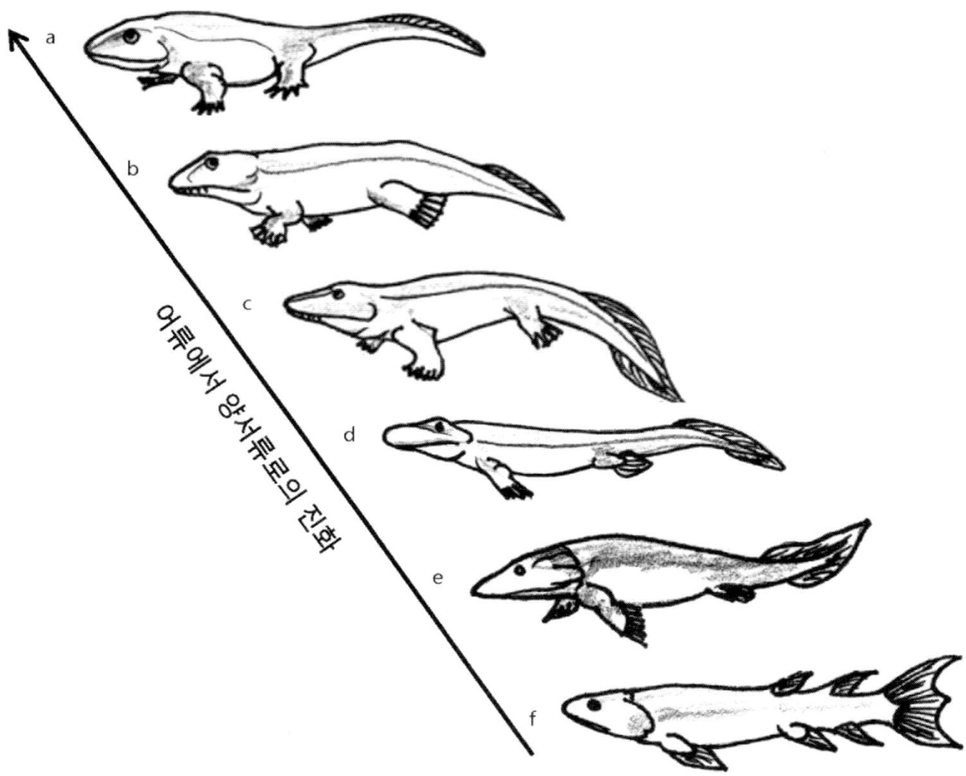

그림 22-3. 어류에서 양서류로 진화. a←f, 어류에서 양서류로 진화해가는 과정. a, 페데르페스(*Pederpes*); b, 이크치오스테가(*Ichthyostega*); c, 아칸토스테가(*Acanthostega*); d, 틱타알릭(*Tiktaalik*); e, 판데리쿠티스(*Panderichthys*); f, 유스테놉데론(*Eusthenopteron*). 어류의 가슴지느러미와 뒷지느러미가 각각 앞발과 뒷발로 진화하는 단계를 보여준다.

중생대 말 공룡의 멸종은 지구 역사상 가장 극적인 환경재앙 중 하나로 꼽힌다. 그러나 일부 공룡은 멸종하면서도 후손을 지금까지 남기는데 성공하였다. 바로 하늘을 정복한 새들이 공룡의 후손이다.

우리 인간의 조상의 삶은 그리 평온했던 것 같지는 않다. 포유류는 중생대 초기에 생겨났지만 공룡 등 파충류의 세력에 밀려서 겨우 명맥을 유지했었다. 그러나 공룡의 멸종으로 텅 빈 지구를 호령하는 새로운 세력으로 역사의 전면에 폭발적으로 나서서 지구를 점령한 현재의 다양한 포유류로 진화하였고 최근에는 인간이 탄생하였다. 다른 생물들에 비해서 인류의 너무나도 빠른 진화는 많은 논란 거리를 남겨왔으나 논란이 되는 것은 어떻게 진화가 일어나는지 그 기전이지 진화의 진실 여부가 아님이 분명하다.

(Tip) 진화론은 다윈의 학설인가?

1858년, 당대의 저명 자연학자인 다윈이 진화론 논문을 완성하고 있을 즈음에 월리스(Alfred Russel Wallace)의 편지를 받는다. '원형에서 무한정 이탈하는 변종의 경향에 대하여'라는 논문의 이론을 검토해 주십사 하는 무명의 학자가 보낸 편지였다. 월리스는 다윈의 '비글호 항해기'를 읽고 동남아 탐사여행을 하던 중 진화의 원리를 깨달았다. 다윈은 월리스의 논문이 지난 20여 년간의 자신의 노력을 망라한 논문의 내용과 거의 일치함을 깨닫고는 매우 놀랐다고 한다. 다윈은 친구인 지질학자 찰스 라이엘레게 "이렇게 까지 서로 일치하는 경우를 이제까지 본 적이 없습니다. 설령 월리스가 1842년에 쓴 나의 초안을 보았더라도 이보다 더 훌륭한 초록을 만들지 못했을 겁니다"라고 편지를 썼다. 다윈이 편지를 받은 13일 후, 1858년 7월 1일, 다윈은 두 사람의 이름으로 '런던 린네학회'에서 연구결과를 발표한다. 무명의 가난했던 월리스에게는 업적을 발표할 기회가 되었고 다윈은 자신의 이론을 지지해줄 동료를 만난 셈이었다. 비록 지금은 월리스를 기억하는 사람은 많지 않지만 진화론의 명성을 그에게도 나눠줘야 할 것이다.

에필로그

나는 이 교양서에 생물학에서 밝혀진 보편적 사실(진실)을 우리 인간 자신을 대상으로 설명하려고 노력하였다. 설명가운데 나는 독자들에게 명확한 해답을 줄 수 없는 몇 가지 과제들을 발견하게 되었다. 인간유전체 연구결과에서 인간은 30억 염기쌍의 서열로 구성된 유전체를 가지고 있으며 그 속에 대략 21,000 여개의 유전자들을 포함한다는 사실도 밝혀졌다. 처음에는 인간은 적어도 10만개 이상의 유전자를 가질 것으로 예상하였으나, 실제로는 예상보다 훨씬 적은 20,000 여개 유전자가 존재하는데 이 적은 수의 유전자가 어떻게 고도로 진화된 인간의 형질을 나타낼 수 있을까? 뿐만 아니라 같은 조상에서 분기된 침팬지와 인간의 염기서열을 비교해보면 99%가 유사하고 1% 미만이 다른데 어떻게 확연히 서로 다른 모습을 포함한 너무나 다른 형질이 형성될 수 있었을까? 현재로는 설명이 불가능하다.

또한 유전체 연구의 결과로부터 유전자 결함으로 인한 선천적 유전병들 이외도 자폐증, 우울증과 신경성 질병들이 정도의 차이는 있으나 유전자와 연관을 가지면서 몸 내부의 미세 환경과 밀접한 상호작용에 의하여 유발 된다는 사실이 밝혀지고 있는데 질병과 유전자와 환경의 상호 관계에 대하여 앞으로 구체적인 연구의 결과를 기대한다.

후천적 면역체계에서도 일차적인 감염에서 얻은 정보를 간직하는 보조 T-세포가 어떻게 수년 동안 안전하게 존재하는 생활사에 대한 보다 구체적인 연구결과를 또한 기대한다.

방금 읽은 문장을 기억하거나(단기기억) 수년전 경험한 옛일을 추억하는(장기기억) 기억현상에서도 순간적으로 생각해 낼 수 있도록 고속도로와 같은 그물망(network)이 뉴런세포 내에나 그 주위에 존재한다는 구체적인 증거와 함께 뉴런세포의 역할에 대한 연구가 더욱 필요하다.

노화현상을 막을 수 없으나 늦출 수는 없을까? 앞으로 평균 인간수명이 100세로 예상하고 있지만, 중요한 것은 병 없이 건강하게 삶을 유지하는 연구가 앞으로 계속될 것이다. 위에 언급한 연구과제들은 짧게는 10년 내에, 많게는 반세기 내에서 큰 성과를 얻을 것으로 예상된다. 생물학연구에는 다음1세기동안 뇌의 분자생물학, 넓은 의미로 뇌 과학의 연구가 눈부시게 발전 될 것으로 예상된다.

2013년 12월 강현삼

생명은 경이롭다. 아침햇살이 눈부신 것만큼이나 생명이 우리에게 보여주는 신비로움은 우리를 놀라게 한다. 어느새 훌쩍 자라버린 내 아이들이 나를 점점 닮아가고 있음은 굳이 생물학적 설명이 없더라도 신기한 현상이 아닌가?

우리 주변에 생명이 없는 곳을 찾기는 어렵다. 혹자는 말한다. 사막과 같은 불모지에 무슨 생명이 있다는 것인가? 라고. 그러나 언뜻 보기에 아무것도 없던 사막에도 비가 내리면 척박했던 땅에서 다양한 식물들과 사막새우 등 수많은 생명이 얼굴을 내밀고 짧은(?) 삶의 향기를 뿜어내고는 다음 생을 위해서 후손을 만들어 낸다.

이렇게 눈에 보이는 생명보다 정작 더 신비로운 것은 아마도 미생물이 아닐까 싶다. 우리 눈에 보이지는 않지만 오래전부터 우리에게 술과 치즈 그리고 젓갈을 만들어 주기도 했지만 몹쓸 병을 주기도 하는 실질적인 지구의 지배자가 미생물일 것이다.

미생물은 어디에도 존재한다. 우리 몸 구석구석, 땅속과 심지어는 공기중에도 미생물은 살고 있다. 다만 우리 눈에 보이지 않을 뿐이다. 체르노빌

핵발전소 사고 이후 생명이 살지 못할 정도로 강한 방사능이 오염된 지역에서 살아갈 수 있는 미생물이 발견되었다. '방사능에 견디는 특이한 작은 벌레'라는 의미의 데이노코커스 라디오듀란스(*Deinococcus radiodurans*)라는 세균이 그것이다. 이 세균은 인간의 생명을 앗아가는 방사능 수치보다 3,000배나 높은 방사능에서도 살 수 있으며 조각조각 잘린 자신의 DNA를 48시간 내에 수리한다.

1993년 노벨화학상은 미국의 케리 멀리스와 캐나다의 마이클 스미스에게 돌아갔다. 그들의 업적은 DNA 분자유전학에 한 획을 그은 것으로 평가받는 중합효소 연쇄반응(PCR)법을 개발한 것이었다. 이 방법은 써머스 아쿼티쿠스(*Thermus aquaticus*)라는 세균의 DNA 중합효소를 이용한 실험법이다. 이 방법의 개발로 우리는 어떤 생물체에서라도, 또는 어떤 시료에서라도 미생물이 존재한다면 빠른 확인이 가능하고 유전자를 확보할 수 있으며 또 유전자의 돌연변이도 원하는 대로 유도할 수 있는 시대를 열게 되었다. 1960년대 미국의 옐로스톤 국립공원의 끓는 샘에서 발견된 이 초호열균(끓는 온도에서 살 수 있는 세균)은 사람이 상상하기 힘든 환경에도 생명은 있다는 경이로운 사실을 보여준 한 예이다.

1970년대 말, 태평양의 해저 2,700미터 열곡에서 마그마에 의해 뜨거워진 350도 이상의 초고온수가 뿜어져 나오는 심해열수공이 발견되었다. 놀랍게도 이 열수공 근처의 고온 고압 하에서 사는 생물들이 발견되었다. 장어류와 연체동물들 그리고 게 같은 갑각류와 관벌레 등이었다. 실험실에서 세균을 사멸시킬 때 사용하는 멸균기(autoclave)의 온도와 압력보다 더 고온 고압에서 생물이 살고 있다니!

태양빛이 닿지 않은 심해저에서 그들은 황세균과 메탄세균 등의 만들어내는 에너지와 유기물을 이용해서 독특한 고립된 생태계를 이루고 사는 생물들이다. 실로 우리의 상상을 벗어난 환경에서도 생명이 살 수 있다면 도대체 생명이 살 수 없는 한계는 어디인가?

우리는 보통 세균이라 하면 병원균을 생각하고 눈을 흘기게 되지만 세균의 대부분은 지구에서 가장 중요한 생명활동을 하는 무리일 것이다. 지구탄생 후 20억년 정도가 지난 후에 진화한 남조류가 광합성의 부산물로 산소를 만들어내지 못했더라면 우리는 세상에 태어나지 못했을지도 모른다. 또한 지금도 우리가 들여 마시는 산소의 70%를 해양미생물과 식물이 만들어낸다고 하지 않는가? 우리는 이들 미생물에게 빚을 지고 살아가고 있는 셈이다.

"올름"이란 생물을 아는가? 빛이 들지 않는 차가운 동굴 물속에서 10년을 산다는 동굴도롱뇽붙이 양서류. 먹을 것이 없으면 소화기관이 없어져버리고, 냉장고에서 12년을 먹지도 않고 살아있었다는 전설적인 생물이다. 이쯤되면 우리가 알고 있는 생물은 생소한 괴물의 모습으로 우리들 앞에 나타난 셈이다. 모든 생명의 기준을 인간에게 맞추어 생각하는 우리가 알아야 할 다른 생물들의 모습에서 그저 "경이롭다"는 말 보다는 "함께" 살아가야 하는 우리 지구 생태계의 일원임을 알아야할 시간이 되었음을 느낀다.

우리는 "생명"에 대해서 그저 신비롭다는 말로 감사의 말을 대신하거나 또는 잘 모른다는 말로 감사를 회피하며 살아가고 있는 것이 아닌가 싶다. 심지어는 생명에 대해서 깊은 오해를 하고 있기도 하다. 이런 생명의 신비로움에 경의를 표하며 일반인들에게 좀 더 쉽게 다가갈 수 있는 교양으로서의 생물을 소개하려는 것이 이 책의 집필 의도이다. 교양생물학을 위한 "편하게 읽을 수 있는 책"을 꿈꾼다면 과욕인가?

2013년 12월 강형련

찾아보기

ㄷ

ㄹ

ㅁ

ㅂ

ㅇ

ㅈ

ㅊ

ㅋ

ㅌ

ㅍ

ㅎ

당신의 DNA?
그리고 우리 몸과 건강 이야기

인쇄일 2013년 12월 24일
발행일 2013년 12월 30일

지은이 강 현 삼 · 강 형 련
발행인 조 민 재
발행처 한림원출판사
주 소 서울특별시 중구 퇴계로51길 20 1303(오장동, 넥서스타워)
전 화 +82-2-2273-4201, **팩 스** +82-2-2266-9083
E-mail hanrim@hanrimwon.com, **Homepage** www.hanrimwon.co.kr

가 격 10,000원
ISBN 978-89-93512-46-5